O AQUECIMENTO GLOBAL

Conselho Editorial

Alcino Leite Neto
Ana Lucia Busch
Antônio Manuel Teixeira Mendes
Arthur Nestrovski
Carlos Heitor Cony
Contardo Calligaris
Marcelo Coelho
Marcelo Leite
Otavio Frias Filho
Paula Cesarino Costa

FOLHA
EXPLICA

O AQUECIMENTO GLOBAL

CLAUDIO ANGELO

PubliFolha

© 2007 Publifolha – Divisão de Publicações da Empresa Folha da Manhã S.A.

Todos os direitos reservados. Nenhuma parte desta publicação pode ser reproduzida, arquivada ou transmitida de nenhuma forma ou por nenhum meio sem a permissão expressa e por escrito da Publifolha – Divisão de Publicações da Empresa Folha da Manhã S.A.

Editor
Arthur Nestrovski

Editor assistente
Rodrigo Villela

Produção gráfica
Soraia Pauli Scarpa

Assistente de produção gráfica
Mariana Metidieri

Projeto gráfico da coleção
Silvia Ribeiro

Revisão
Daniel Bonomo e Rodrigo Petronio

Editoração eletrônica
Pólen Editorial

Dados Internacionais de Catalogação na Publicação (CIP)
(Câmara Brasileira do Livro, SP, Brasil)

Angelo, Claudio
O aquecimento global / Claudio Angelo. – São Paulo : Publifolha, 2008. – (Folha Explica)

ISBN 978-85-7402-857-6

1. Aquecimento global I. Título. II. Série.

08-00132   CDD-551.5253

Índices para catálogo sistemático:
1. Aquecimento global : Temperaturas :
Ciências da Terra   551.5253

PUBLIFOLHA
Divisão de Publicações do Grupo Folha

Al. Barão de Limeira, 401, 6º andar
CEP 01202-900, São Paulo, SP
Tel.: (11) 3224-2186/2187/2197
www.publifolha.com.br

SUMÁRIO

INTRODUÇÃO: O CALOR DA NOTÍCIA 7

1. QUEM LIGOU O AQUECEDOR? 19

2. DE ARRHENIUS AO AR4: A DESCOBERTA DO AQUECIMENTO GLOBAL 37

3. DEPOIS DE AMANHÃ 61

4. BRASIL: CARRASCO E VÍTIMA 79

5. MUDANÇA DE ARES:
A LUTA PARA SALVAR UM PLANETA 89

CONCLUSÃO: MITIGAR, ADAPTAR E SOFRER 115

BIBLIOGRAFIA 121

INTRODUÇÃO: O CALOR DA NOTÍCIA

No final de janeiro de 2007, o mundo afinal pareceu se dar conta do fato de que a Terra está mesmo esquentando. No dia 30 daquele mês, reuniram-se em Paris os cientistas do IPCC (Painel Intergovernamental sobre Mudança Climática), o comitê de climatologistas das Nações Unidas. Eles se preparavam para divulgar, no dia 2 de fevereiro, um relatório com a prova definitiva de que o aquecimento global é real e que é culpa da humanidade. Na véspera do anúncio, a cidade-luz apagou seu maior símbolo, a Torre Eiffel, para lembrar ao planeta que a energia que move os sonhos da civilização humana é a mesma que condena o *Homo sapiens* – e todas as outras espécies que com ele compartilham o globo – a um futuro mais quente e bem menos brilhante.

O relatório do IPCC foi recebido pela imprensa com tons de revelação apocalíptica. No Brasil, ganhou manchetes de todos os grandes jornais no dia seguinte. Por uma dessas coincidências históricas que fazem editores acreditarem no destino, um tornado fustigou a Flórida e uma enchente se abateu sobre a Indonésia no mesmíssimo dia do anúncio, acrescentando uma dose de drama humano ao palavreado técnico e cheio de gráficos dos cientistas. O clima, com o perdão do trocadilho, era assunto quente.

Para as poucas pessoas que acompanham com atenção o noticiário científico, no entanto, o IPCC não trazia nada de muito novo. Afinal, aquele não era o primeiro, e sim o *quarto* relatório do painel. A nova versão apenas acrescentava (muito mais) certeza a uma mensagem geral que já estava clara havia muito tempo na cabeça e nos computadores dos climatologistas – mas que, por alguma razão, falhara até ali em comover os editores de primeira página, o público e os políticos por ele eleitos.

ILUSÕES DERRETIDAS

Sinais do despertar da humanidade para o aquecimento global já vinham pipocando aqui e ali. Em 2002, por exemplo, o mundo assistiu estarrecido e quase em tempo real à desintegração da plataforma de gelo Larsen B, na Antártida, e à formação de um *iceberg* sete vezes maior que Cingapura. Em 35 dias, entre janeiro e fevereiro daquele ano, a língua de gelo flutuante de 3.250 km^2 (quase o dobro da área da cidade de São Paulo) e mais de 200 metros de espessura se esfacelou. Os cientistas imaginavam que a Larsen B seria estável por pelo menos um século, mesmo num cenário de aquecimento.

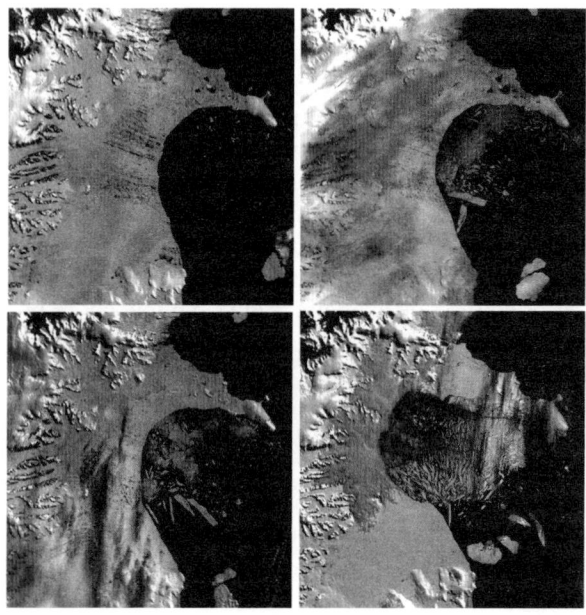

Imagem do satélite americano Modis mostra quatro momentos do esfacelamento da plataforma de gelo Larsen B, no mar de Weddell, Antártida
Fonte: NASA

Mas o mais dramático alarme soou no final de agosto de 2005. Um furacão de intensidade máxima, o Katrina, praticamente varreu do mapa a cidade de Nova Orleãs, o berço do *jazz* nos Estados Unidos, e expôs o despreparo do país mais poderoso do mundo diante da fúria combinada de atmosfera e oceano. Dias depois, o golfo do México foi fustigado por um outro furacão tão forte quanto o Katrina, o Rita. Esta última fêmea não foi tão fatal, mas causou prejuízos bilionários à costa do Golfo. Um dos setores mais atingidos, ironicamente, foi o das empresas de petróleo do litoral do Texas, cujo *lobby* tentou, com notável sucesso, incutir no governo federal americano – liderado pelo texano George W. Bush – a noção de que o aquecimento global não era real.

Naquele setembro, outro fenômeno reforçou a certeza de que o clima estava mudando. A maior bacia hidrográfica do mundo, a amazônica, sofreu sua pior seca em mais de quarenta anos. Moradores da beira do rio Solimões ficaram isolados quando o mar de água doce que lhes serve de estrada se transformou em um filete d'água. A economia local, dependente da pesca, entrou em colapso. Os amazônidas precisaram cavar poços para ter o que beber. O governador do Amazonas decretou estado de calamidade pública.

Tanto a seca na Amazônia quanto os furacões no golfo do México tiveram a mesma origem: um aquecimento anormal das águas do Atlântico. Mais calor na superfície do oceano significa mais vapor d'água na atmosfera. O vapor d'água é combustível para furacões. Ao mesmo tempo, esse aquecimento perturba a dinâmica dos ventos que sopram do Caribe para a América do Sul e trazem umidade para a floresta amazônica.

Nenhum cientista, em sã consciência, acusaria diretamente o aquecimento global pela temporada de furacões de 2005, a mais violenta já registrada na história. Fenômenos extremos como esses são cíclicos e acontecem de tempos em tempos. Na ciência do clima, vale o ditado: uma andorinha só não faz verão. Seriam necessários vários anos seguidos de anomalias para que fosse possível apontar o dedo para a causa.

O que os pesquisadores ressaltaram, no entanto, foi que a ocorrência do Katrina e a seca na Amazônia eram consistentes com as previsões de um Atlântico em média mais quente – portanto, de furacões mais intensos – num cenário de aquecimento global. E isso bastava para deixar o público, em especial nos Estados Unidos e no Brasil, os países afetados, com uma pulga atrás da orelha.

Os europeus já haviam conhecido sua pulga em 2003, quando uma onda de calor matou 30 mil pessoas no continente. De novo, uma ocorrência prevista nos modelos de aquecimento global. Em dezembro de 2006, o Velho Continente foi surpreendido de novo por temperaturas elevadas em pleno inverno – e um Natal sem neve pela primeira vez em muitos anos em cidades como Moscou, que registraram temperaturas até 20°C mais altas que a média para esse período. Um fenômeno típico da primavera setentrional, o desabrochar de flores e a visita das borboletas, aconteceu naquele dezembro no meio da gélida Polônia. Quem tentou esquiar nos Alpes naquele ano se frustrou. O inverno de 2006/2007 foi o mais quente já registrado no hemisfério Norte.

Na década de 2000, até Hollywood se rendeu às evidências do aquecimento global. Em 2004, o diretor alemão Roland Emmerich lançou *O Dia Depois de Amanhã*, o primeiro filme-catástrofe a ter como tema as mudanças climáticas abruptas. Mas o clima conquistaria de vez a telona dois anos depois, com o lançamento de *Uma Verdade Inconveniente*, documentário do americano Davis Guggenheim sobre a cruzada do ex-vice-presidente do país, Al Gore, para conseguir atenção para o tema. O filme, que sintetizava com um didatismo impressionante o conhecimento científico sobre o clima ao mesmo tempo em que chamava os americanos à ação, levou o Oscar de melhor documentário em 2007 e transformou Gore numa espécie de guru pop do ambientalismo. Depois de *Uma Verdade Inconveniente*, o aquecimento global passou a figurar em comerciais de roupa e no *marketing* de empresas. Até Madonna compôs uma canção "engajada" sobre o tema.

O assunto chegou às Nações Unidas, que pela primeira vez tornaram o clima a principal pauta da sua Assembléia Geral, em setembro de 2007. E ao comitê do Prêmio Nobel, que no mês seguinte deu a Al Gore e ao IPCC o Nobel da Paz, "por seus esforços para construir e disseminar um maior conhecimento sobre a mudança climática causada pelos humanos, e por fornecer as bases para as medidas necessárias para contra-atacar tal mudança". O recado era claro: a paz mundial depende de um ambiente equilibrado.

TARDE DEMAIS?

Todo esse reconhecimento da dimensão e da urgência daquilo que Gore chama de "crise climática" se justifica: o aquecimento global é, provavelmente, o maior problema que a humanidade já teve de enfrentar coletivamente. A ameaça representada por um planeta 3°C mais quente em 2100 em relação à era pré-industrial – é esta a previsão média dos cientistas – e habitado por 9 bilhões de seres humanos faria

Osama Bin Laden e a Al Qaeda parecerem preocupações menores.[1]

Cerca de 40% da população mundial depende hoje para viver da água dos rios que são alimentados pelo degelo do Himalaia. E as geleiras do Himalaia estão recuando aceleradamente. Antes de 2050 boa parte delas não existirá mais, estrangulando a agricultura nos dois países mais populosos do mundo: Índia e China. Além do efeito imediato de causar grandes fomes locais, a escassez de água na Ásia pode ter uma conseqüência perversa para o mercado mundial de grãos. Um aumento da demanda chinesa por comida importada tem o potencial de elevar o preço dos alimentos no mundo inteiro, como aponta o ambientalista Lester Brown, do Earth Policy Institute, dos EUA.[2]

O aumento do nível médio dos oceanos também coloca sob ameaça pelo menos 200 milhões de pessoas, em lugares que vão das nações-ilhas do Pacífico a Bangladesh, do delta do rio Mekong à Baixada Fluminense.[3] Nessas regiões, inundações já são e serão cada vez mais freqüentes, faixas extensas de terras (cultiváveis, no caso de Bangladesh) serão perdidas para o mar e obras de infra-estrutura, como redes de esgoto de cidades litorâneas e os metrôs do Rio de Janeiro e de Nova York sofrerão danos com ressacas cada vez mais intensas.

Os mais desesperados dirão que a humanidade despertou tarde demais. Não importa o que os seres

---

[1] O cientista-chefe do Reino Unido, *Sir* David King, afirmou em artigo publicado em 2004 ("Climate Change Science: Adapt, Mitigate or Ignore?"; *Science*, vol. 303, n.º 5655, 9/1/2004, pp. 176-77), que o aquecimento global supera, de longe, a ameaça do terrorismo.
[2] *Folha de S.Paulo*, 7/7/2003.
[3] IPCC, *Quarto Relatório de Avaliação*. Contribuição do Grupo de Trabalho 2: Adaptação, Impactos e Vulnerabilidades [www.ipcc.ch].

humanos façam hoje para conter as emissões dos maiores causadores do aquecimento global os gases de efeito estufa. O tempo que esses gases levam para serem eliminados da atmosfera já condenou o planeta a um aquecimento adicional de pelo menos 1°C, além do 0,76°C grau que a Terra já ganhou desde os tempos pré-industriais. Os oceanos, que absorvem calor mais devagar que a superfície da Terra, também continuarão a subir por séculos a fio.

Conter as emissões de gases-estufa é um desafio político sem precedentes na história humana. O crescimento econômico e a prosperidade inigualáveis experimentados pelo mundo depois da Segunda Guerra Mundial foram movidos a petróleo e a outros combustíveis fósseis. As taxas de emissão de gás carbônico, que dão a medida dessa prosperidade, só têm feito crescer no mundo todo – principalmente nas chamadas economias emergentes e nos EUA, o maior poluidor do mundo. De 1990 para cá elas subiram em média 24% no mundo, quando deveriam estar caindo, de acordo com as provisões do Protocolo de Kyoto, o acordo internacional de combate ao aquecimento da Terra.

Reverter essa tendência significa não só abandonar rapidamente um modelo de produção de energia que opera com sucesso desde o século 19 e adotar amplamente energias renováveis, mas principalmente abrir mão de padrões de produção e de consumo aos quais todos os seres humanos aspiram. O uso intensivo de recursos naturais e energia – leia-se: emissões de gases-estufa – está embutido em propensões demasiado humanas, que vão desde se aquecer no inverno e se refrescar no verão até comprar um carro e ter mais proteína na mesa, especialmente carne. Os seres humanos não foram adaptados, em sua evolução, à prática desse altruísmo em escala planetária.

Conflitos assim, é claro, se refletem na tomada de decisão política, com a difícil negociação de um acordo para substituir o Protocolo de Kyoto, após 2012. É consenso entre os cientistas que até 2050 as emissões precisam cair pela metade, no mínimo, em relação aos níveis atuais. As dificuldades de atingir essa meta serão discutidas no Capítulo 5.

O Capítulo 1 é dedicado às bases físicas do efeito estufa, do aquecimento global e das mudanças climáticas dele decorrentes. Esses três termos costumam ser confundidos, e aceita-se mais ou menos que sejam usados como sinônimos. Mas há distinções importantes entre eles. Esse capítulo tentará explicar, em linhas gerais, como funciona a atmosfera da Terra e que fatores regulam o clima. Você verá, por exemplo, que grande parte das mudanças climáticas é natural e que o clima já variou imensamente no passado; o que os seres humanos fazem é mudar a escala dessa variação, por meio de suas atividades industriais, seu uso de energia, seus transportes e pela maneira como alteram a cobertura vegetal do planeta.

O Capítulo 2 é uma breve narrativa da aventura científica que foi a descoberta do fenômeno do efeito estufa antropogênico, desde quando foi inferido pela primeira vez, no século 19, pelo químico sueco Svante Arrhenius, até o último relatório do IPCC, que concluiu haver mais de 90% de chance de o aquecimento observado ao longo do último século e meio ser decorrente de atividades humanas. Você vai conhecer alguns dos personagens que mais contribuíram para o debate e para a formação do atual consenso científico sobre o aquecimento global, e entender as ferramentas usadas pelos climatologistas para fazer suas projeções, os chamados modelos climáticos computacionais, assim como as incertezas inerentes ao sistema climático que tornam os modelos ferramentas limitadas.

O Capítulo 3 é baseado na segunda parte do Quarto Relatório de Avaliação do IPCC para discutir os impactos do aquecimento sobre a Terra, seus ecossistemas e, claro, os seres humanos. Medidas de adaptação, conclui o IPCC, serão necessárias diante de um futuro no qual alguma medida de aquecimento é inevitável e irreversível. Elas passam pelo redesenho de sistemas de saneamento, estradas, pontes, diques e zonas agrícolas. Aqui, como em qualquer situação emergencial, vale a máxima: os países pobres sofrerão mais.

O Capítulo 4 aborda os impactos previstos do aquecimento sobre um dos maiores poluidores do planeta, que tem se recusado a adotar metas obrigatórias de redução de suas emissões. Se você está pensando nos EUA, errou: o nome desse país é Brasil. O desmatamento da Amazônia, que gera pouquíssima riqueza em comparação com as atividades industriais, é responsável por dois terços das emissões brasileiras. Quando computadas as cerca de 200 milhões de toneladas de carbono emitidas anualmente pela redução da cobertura florestal, o país passa a quinto maior emissor do mundo – ombro a ombro com China, EUA, Rússia, Japão e União Européia, mas sem as taxas de crescimento econômico da primeira nem a prosperidade dos últimos. No entanto, em nome do "desenvolvimento", o Brasil não aceita nenhum acordo internacional que possa impor limites à derrubada.

Além disso, vários especialistas apontam que o país desperdiça oportunidades ao se recusar a usar o desmatamento evitado ou reduzido como meio de gerar créditos num mercado mundial de carbono. Tal mercado poderia gerar centenas de milhões de dólares, a serem investidos em projetos de desenvolvimento sustentável e no reordenamento da economia local – mirando, quem sabe, o desmatamento zero no futuro.

Por fim, cabem aqui dois avisos. Primeiro, o óbvio: não é intenção deste livro esgotar o assunto, nem apresentar um olhar de especialista. Para o bem da compreensão do leigo, muitos conceitos científicos serão simplificados. As incertezas em torno das previsões dos climatologistas serão comunicadas sempre que possível, mas não o tempo todo – sob pena de transformar o livro num enfadonho conjunto de notas de rodapé.

O segundo aviso é: este não é um panfleto ambientalista, uma obra de educação ambiental ou um chamado à conscientização. No entanto, as visões dos chamados "céticos" da mudança climática serão registradas apenas de passagem. Não se buscará aqui o que o veterano jornalista científico americano Boyce Rensberger chamou de "equilíbrio ingênuo", como se fosse obrigatório registrar o "outro lado" cada vez que se dá a palavra a uma previsão catastrofista.

Ninguém mais do que os 2.000 cientistas do IPCC sabe que há incertezas enormes na previsão do clima, e que mais estudos e melhores ferramentas serão necessários para que se construa um quadro detalhado do problema. Mas hoje há, na prática, um consenso científico sobre ele.

O fato de 11 dos 12 anos mais quentes já registrados pela humanidade desde que a medição com termômetros começou (há mais de 150 anos) estarem entre 1995 e 2006, com recordes em 1998 e 2005, também ajuda a compor esse quadro. Contra esse fato dificilmente pode haver argumentos.

1. QUEM LIGOU O AQUECEDOR?

The pressure's high, to stay alive
'Cause the heat is on
Glenn Frey

Quer saber que diferença um tanto de gás carbônico a mais pode fazer na sua vida? Pergunte aos dinossauros.

Esses répteis foram senhores absolutos da Terra por 165 milhões de anos. Durante seu reinado, eles se diversificaram em milhares de espécies e ocuparam todos os ambientes do planeta. Nenhum outro grupo de vertebrados foi tão longevo.

No entanto, como se sabe, os dinossauros deram azar. Num dia qualquer do Período Cretáceo, 65 milhões de anos atrás, o que se acredita ter sido um asteróide de 10 quilômetros de diâmetro se chocou com a Terra, perto da atual Península de Yucatán, no México. O impacto abriu um buraco de 200 quilômetros de diâmetro no leito oceânico, produziu um tsunami de 1 quilômetro de altura e levantou tanta poeira que a Terra ficou mergulhada numa espécie de inverno nuclear, que matou boa parte das plantas.

Mas só isso não explicaria a perda de mais de metade das espécies do planeta causada pelo asteróide do Cretáceo. Há mais um detalhe nessa história que dá a exata dimensão da má sorte dos dinossauros – e do perigo que a humanidade corre hoje ao brincar com o ciclo de carbono do planeta.

Por uma imensa infelicidade, o fundo do mar na região onde o bólido caiu era formado por uma camada de 3 quilômetros de calcário. E o calcário, como diz o geólogo americano Walter Alvarez, "é a maneira da natureza estocar dióxido de carbono em forma sólida".[4] Ao bater em altíssima velocidade sobre essas rochas, o pedregulho fatal vaporizou-as, liberando no ar do Cretáceo uma quantidade imensa de gás carbônico. Isso, acreditam os geólogos, aprisionou o calor da Terra na atmosfera, elevando a temperatura global em vários graus e mudando o clima. Poucas espécies estavam aptas a suportar essa mudança tão radical e tão instantânea. Os dinossauros não estavam entre elas.

O que o asteróide de Yucatán fez no instante de sua colisão foi a mesma coisa que nós, seres humanos, temos feito com as nossas atividades industriais e agrícolas: mudar a composição química do ar de forma a acelerar o efeito estufa, nome dado ao fenômeno de retenção do calor irradiado pela Terra por uma capa de gases dissolvidos na sua atmosfera – em especial o dióxido de carbono, ou CO_2. A diferença é de escala e de intenção: o bólido do Cretáceo obviamente não sabia o que estava fazendo e só precisou de alguns segundos para disparar o fenômeno. A humanidade tem se empenhado nisso há pelo menos um século e meio, quando a Revolução Industrial tornou o *Homo sapiens*

---

[4] *T. Rex and the Crater of Doom*. Nova York: Vintage Books, 1997.

completamente dependente da queima de grandes fontes de CO_2: os combustíveis fósseis, como o petróleo e o carvão mineral. Apesar de mais lenta, a aceleração do efeito estufa causada pelos humanos é potencialmente tão danosa ao planeta e às espécies que nele habitam quanto a tragédia de 65 milhões de anos atrás.

Para entender o fenômeno do efeito estufa, o aquecimento global e as mudanças dele decorrentes, é preciso dar um passo atrás e entender como funciona a imensa e azeitada máquina que é o sistema climático terrestre, e como ela pode ser perturbada.

TUDO FOI FEITO PELO SOL

O clima terrestre pode ser entendido como o conjunto das condições da atmosfera no planeta. É importante não confundi-lo com o tempo, que são as manifestações do clima que você experimenta todos os dias – e que podem ser previstas com alguma precisão pelos meteorologistas, uma vez que eles conheçam as condições climáticas prevalentes.

O clima terrestre é influenciado por vários fatores, mas um deles se sobrepõe a todos os outros: a quantidade de luz solar que chega ao planeta. Situada a 150 milhões de quilômetros do Sol, a Terra está na posição ideal para não receber energia demais – e torrar como Mercúrio, a apenas 58 milhões de quilômetros do Sol e com temperaturas de 427°C ao meio-dia – nem de menos, como Plutão, uma bola de gelo a 6 bilhões de quilômetros do Sol e que amarga 233°C negativos.

Cada metro quadrado da superfície terrestre recebe do Sol 342 Watts de energia por ano, em média. É uma fração do total de 386 quatrilhões de megawatts por segundo que as reações nucleares no interior da estrela produzem (para comparação, a hidrelétrica de Itaipu produz 8 megawatts por hora), mas o suficiente para aquecer o planeta e manter a vida em funcionamento.

Variações mínimas no total de energia solar que chega até a Terra são capazes de causar mudanças radicais no clima, de tempos em tempos. As causas dessas variações são diversas. Uma delas é que o próprio total de energia que sai do Sol não é constante: a estrela tem ciclos de atividade, como manchas solares, que têm um pico a cada 11 anos em média e alteram discretamente a sua emissão de radiação. Outros ciclos mais longos são teorizados. Por exemplo, entre 1645 e 1710, os registros históricos sugerem uma ausência de manchas solares. O mínimo de Maunder, como é conhecido esse período, é relacionado por alguns pesquisadores com a chamada "Pequena Idade do Gelo", um período de temperaturas 40% mais frias no hemisfério Norte, do século 17 ao 19.

Mas a Terra também muda, às vezes, de posição, colocando-se mais próxima ou mais distante do Sol. E esses ciclos *realmente* fazem diferença no clima, como descobriu no começo do século passado o engenheiro sérvio Miliutin Milankovitch (1879-1958).

Durante a Primeira Guerra Mundial, Milankovitch foi preso em Budapeste. Como era acadêmico, pegou uma pena leve e pôde trabalhar na biblioteca da cidade. Durante esse período, resolveu um dos principais problemas científicos da sua época: a causa das eras glaciais.

Milankovitch propôs que os períodos glaciais e interglaciais estavam ligados a três alterações que a Terra sofre enquanto se movimenta ao redor de sua estrela. A primeira é o formato da órbita do planeta, que não é constante. Hoje ela é praticamente circular, com uma variação de apenas 6% no total de radiação que atinge uma dada região do globo entre o inverno e o verão. A cada 100 mil anos, no entanto, ela estica e se converte em uma elipse mais pronunciada, ou excêntrica. Isso joga o globo para bem mais longe dos preciosos raios solares no inverno – alterando a diferença de radiação para 20% a 30% entre as estações.

Outro ciclo tem a ver com a inclinação do eixo da Terra. Como é fácil de ver em globos terrestres escolares, o planeta não é perfeitamente reto, mas gira "tombado" para um lado. Quanto mais inclinado o eixo terrestre, também maiores serão as diferenças de irradiação e, por tabela, de temperatura entre inverno e verão. O ângulo desse tombamento hoje é de 23,5 graus. A cada 42 mil anos ele varia de 21,8 a 24,4 graus.

O terceiro dos chamados ciclos de Milankovitch é a variação no "bamboleio" do eixo da Terra, conhecida pelos astrônomos como *precessão*. A cada 23 mil anos, mais ou menos, o lado para o qual o planeta tomba muda, como num pião que bamboleia antes de parar. Isso também afeta a intensidade das estações do ano.

Somados, nos seus extremos, os ciclos de Milankovitch causam uma variação total anual de 0,1% na intensidade da energia que chega à superfície terrestre. Parece pouco? Pois isso é capaz de causar diferenças de 5°C na temperatura média do planeta. Ainda não se convenceu? Pois saiba que, com esses cinco graus a menos, há cerca de 20 mil anos, uma capa de gelo de 2 quilômetros de altura cobria o lugar onde hoje é a cidade de Nova York.

O AR QUE NOS RODEIA

O outro fator determinante do clima, é claro, é a composição e a física da atmosfera terrestre. De nada adiantaria para os seres vivos a posição orbital privilegiada da Terra se não houvesse algo aqui para distribuir e reter a radiação solar. A Lua, por exemplo, está bem perto da Terra, mas tem uma atmosfera tão tênue que é incapaz de abrigar qualquer forma de vida.

A atmosfera pode ser comparada a uma espécie de oceano gasoso, preso ao planeta pela gravidade, que se estende por cerca de 140 quilômetros de espessura. Parece muita coisa para os minúsculos seres humanos; de fato, algo tão vasto que jamais poderia ser alterado significativamente por nossa mão. No entanto, se comparada à espessura do planeta em si, ela seria equivalente a uma demão de verniz num globo de madeira ou à casca de uma cebola.[5] E há mais sutilezas e fragilidade na química dessa casquinha do que desejariam os seres humanos.

A atmosfera joga um papel duplo no clima. Primeiro, sua circulação ajuda a distribuir o calor, já que os raios solares não aquecem o planeta por igual (nisso ela é auxiliada pelos oceanos). Depois, e o mais importante, ela determina o equilíbrio energético global. A Terra está permanentemente tentando devolver ao espaço a energia que toma emprestada do Sol. A forma como essa devolução é feita e os prazos do empréstimo energético são obra e graça do oceano gasoso e dependem de sua composição.

---

[5] A comparação é sugerida pelo paleontólogo e ambientalista australiano Tim Flannery em seu livro *Os Senhores do Clima* (Rio de Janeiro: Record, 2007).

Ao longo dos 4,6 bilhões de anos de história terrestre, a receita para fazer o ar do planeta variou bastante: durante a maior parte do tempo, a atmosfera era composta sobretudo de dióxido de carbono, ou de gás carbônico (CO_2) e gases de enxofre. A vida multicelular era impossível: só os oceanos eram habitados, por criaturas semelhantes às bactérias. O planeta devia ser tão quente nesse período que os geólogos o chamam de Hadeano, em homenagem a Hades, deus grego dos infernos.

Com o tempo, surgiram no oceano organismos capazes de retirar do ar o CO_2 e expirar um gás então tóxico à maioria das formas de vida daquele período, o oxigênio. Mais um tempo de evolução e surgiram organismos capazes ainda de usar o gás carbônico que retiravam da atmosfera e combiná-lo com cálcio para formar carapaças protetoras. À medida que morriam, esses microorganismos depositavam suas carapaças no fundo do oceano, formando o calcário – que tão más lembranças traz aos amantes dos dinossauros. Isso fez com que os níveis de CO_2 na atmosfera primitiva baixassem ainda mais. Hoje, dois gases respondem por 99% da composição da atmosfera: o nitrogênio (78%) e o oxigênio (21%).

Mas, no jogo climático, vale o ditado: é nos menores frascos que estão os melhores perfumes (e os piores venenos). Quem dá as cartas no clima é justamente o 1% que sobra. Os cientistas chamam esse pequeno grupo de gases-traço. Há uma miríade de gases-traço na atmosfera: o mais abundante deles é o argônio, um gás nobre ou inerte, que não interage com nada e não desempenha papel algum no clima. A compor o 1% essencial estão ainda o vapor d'água (H_2O), o gás carbônico ou dióxido de carbono (CO_2), o óxido nitroso (N_2O), o metano (CH_4), os clorofluorcarbonos (CFCs) e o hexafluoreto de enxofre (SF_6), entre outros. Esses gases têm uma propriedade física que os torna uma minoria tão distinta: eles não são completamente transparentes.

O leitor mais atento pode achar essa afirmação estranha: afinal, todos nós exalamos gás carbônico quando expiramos, e ele parece perfeitamente transparente, assim como o gás das bolhas do champanhe. Certamente, eles são transparentes à *luz visível*. Mas nem toda luz (entenda-se como luz qualquer tipo de radiação eletromagnética) é visível. A radiação solar, ao chegar à Terra, vem em ondas eletromagnéticas de comprimento curto, como as cores que nós enxergamos e o ultravioleta. Quanto mais energética é uma onda, menor o seu comprimento.

Ela atravessa a atmosfera e é em parte refletida de volta ao espaço pelas nuvens e por partículas em suspensão (os aerossóis), em parte absorvida diretamente pela atmosfera e em parte esquenta o planeta. A Terra em seguida reemite essa radiação, mas não em forma de luz visível: ela o faz em um outro comprimento de onda, mais longo, a radiação infravermelha – popularmente conhecida como calor.

O balanço energético global é cheio de idas e vindas, mas, pelas leis da física, o sistema terrestre deve devolver no final a mesma quantidade de energia (342 Watts por metro quadrado) que recebe do Sol. Os gases-estufa têm a propriedade de retardar essa devolução, absorvendo a radiação infravermelha. O matemático francês Jean-Baptiste Fourier, em 1827, comparou esse efeito ao do vidro de uma estufa de plantas, que deixa passar a luz e retém o calor. A analogia, embora imperfeita, dá uma idéia do funcionamento dessa "capa" de gases-traço: embora eles acabem reemitindo a radiação aprisionada de volta ao espaço depois de um tempo, esse bloqueio temporário basta para aquecer a atmosfera. Ao tentar calcular o equilíbrio térmico da Terra levando em conta apenas a radiação que entrava e a que saía, Fourier ficou abismado: o planeta deveria ser um bloco de gelo a -15°C, completamente inóspito, a menos que algo na atmosfera "segurasse" a radiação.

O fenômeno teorizado por Fourier acabou ficando conhecido como *efeito estufa*. Longe de ser algo nocivo, o efeito estufa é um fenômeno natural e é graças a ele que estamos todos aqui. Se hoje a temperatura média da Terra é de 14°C, ideal para a existência de água líquida e seres vivos, é ao efeito estufa, e principalmente ao gás carbônico, que se deve agradecer.

280 É BOM, 380 É DEMAIS

No entanto, até uma coisa boa em excesso pode fazer mal. Se quando mantido em determinados limites o efeito estufa é a linha da vida do planeta, seu agravamento por atividades humanas tem causado e deve causar problemas sérios à Terra. No último século e meio, pelo menos (e talvez nos últimos 8 milênios),[6] os seres humanos têm feito um grande e involuntário experimento de química, alterando a proporção de gases-traço na atmosfera de forma acelerada.

---

[6] O cientista americano William Ruddiman propôs em 2002 que a aurora da agricultura, com o desmatamento maciço da Europa e o início do cultivo de arroz na Ásia, a partir de oito mil anos atrás, lançou tanto dióxido de carbono e metano na atmosfera que impediu uma nova Era do Gelo. Ruddiman argumenta que o chamado Antropoceno, ou seja, o período geológico caracterizado pela intervenção humana no ambiente da Terra, começou nessa época. Suas conclusões foram sintetizadas em um artigo na revista *Scientific American* ("How Did Humans First Alter Global Climate?", março de 2005).

Fazemos isso ao perturbar o ciclo do carbono no planeta de duas maneiras principais: primeiro, e o mais importante, devolvendo à atmosfera o carbono que tem sido guardado no subsolo por milhões de anos em forma de petróleo, carvão e outros dos chamados combustíveis fósseis. Essas substâncias nada mais são do que os restos de grandes florestas do passado (no caso do carvão) e de microorganismos marinhos (o petróleo), que foram soterrados, espremidos e cozidos debaixo da Terra até se transformarem quimicamente. Quando crescem, as florestas retiram carbono da atmosfera em forma de CO_2 pela fotossíntese e o estocam em forma de tronco, folhas e raízes. No carvão mineral, esse carbono está ultraconcentrado.

Durante a queima do carvão para gerar energia, o carbono se combina com o oxigênio para formar dióxido de carbono. No petróleo, o carbono está estocado na forma de substâncias conhecidas como hidrocarbonetos, compostas de carbono e hidrogênio. Embora seu teor de carbono seja menor que o do carvão, o petróleo é mais eficiente para gerar energia, devido às propriedades químicas dos hidrocarbonetos (a queima do hidrogênio, mais abundante nesses compostos, produz mais calor que a do carbono).

A outra forma de mexer com a química da atmosfera é liberar os estoques de carbono que estão aprisionados nos ecossistemas terrestres, como as florestas. Mudanças no uso da terra, principalmente o desmatamento tropical e a agricultura, lançam no ar, por apodrecimento ou queima, o carbono guardado nas plantas e no solo. A agricultura ainda é fonte de um outro gás-estufa: o metano, ou gás-dos-pântanos, produzido pela decomposição de matéria orgânica em aterros sanitários, plantações alagadas de arroz e pela ação de micróbios no estômago de ruminantes.

(Pode soar engraçado, mas o arroto das vacas em Mato Grosso e das ovelhas na Austrália ajuda a esquentar o planeta.) Apesar de estar presente em concentrações muito mais baixas no ar, o metano é um gás-estufa 21 vezes mais potente que o gás carbônico.

Tanto a queima de combustíveis fósseis quanto as mudanças no uso da terra causaram um aumento na concentração de CO_2 sem precedentes na história recente. Segundo o IPCC, hoje as emissões são de 8,8 bilhões de toneladas de carbono (ou 32,3 bilhões de toneladas de CO_2) ao ano, somando-se a queima de combustíveis fósseis (7,2 bilhões de toneladas) e o uso da terra (1,6 bilhão de toneladas). Quase 60% desse carbono é absorvido pelos oceanos e pela biosfera, os dois grandes "ralos" de carbono do planeta. O restante fica na atmosfera, aumentando ano a ano a concentração de CO_2 no ar. No final do século 18, quando começou a Revolução Industrial, a concentração de CO_2 no ar era de 280 partes por milhão (ppm), ou seja, 0,028% da atmosfera. Em 2005, ela havia chegado a 379 partes por milhão. E, antes do final do século 21, na melhor das hipóteses ela terá dobrado em relação aos níveis pré-industriais. Nunca nos últimos 650 mil anos – e provavelmente no último milhão de anos – o CO_2 havia superado as 300 partes por milhão na atmosfera.

O gás carbônico é uma dor de cabeça em si mesmo, por dois motivos: primeiro, tem um alto poder de retenção de calor; segundo, ele permanece na atmosfera por muito tempo: 150 anos em média. Parte do CO_2 emitido pelas primeiras indústrias na Inglaterra continua no ar.

Mas o gás carbônico tem ainda um efeito colateral perverso: como um mestre de marionetes, é ele quem controla a concentração do mais poderoso de todos os gases-estufa: o vapor d'água. Ao esquentar um pouco o globo, o CO_2 aumenta a evaporação total, aumentando a quantidade de H_2O no ar. O vapor, por sua vez, aprisiona ainda mais calor na atmosfera, esquentando mais ainda o planeta. Esse efeito, no entanto, é incerto, já que o vapor d'água também forma nuvens, que rebatem a radiação de volta ao espaço, ajudando a resfriar o globo.

Outros gases-estufa importantes apresentam um padrão de crescimento de suas concentrações semelhante ao do CO_2: mais ou menos estáveis ao longo dos últimos 650 mil anos e saltando vertiginosamente no último século e meio. O salto mais espantoso é o do metano: seus níveis pré-industriais eram de 715 partes por bilhão (ppb). Hoje eles são de 1.774 ppb, segundo o IPCC. O óxido nitroso, ou gás hilariante (N_2O), liberado sobretudo por atividades agrícolas, pela degradação de fertilizantes e pela queima de biomassa, saiu de 270 para 319 partes por bilhão. Apesar do nome, não tem a menor graça: esse gás é 300 vezes mais eficiente que o CO_2 em reter calor.

Juntos, esses gases-traço em alta concentração perturbam o balanço energético do globo, alterando o total de energia reemitida. Eles impedem a Terra de devolver energia ao espaço, o que os cientistas chamam de "forçamento radioativo positivo" (em bom português, o potencial de esquentar o planeta). Mas existem também fatores de forçamento radioativo negativo, ou seja, "resfriadores globais". Um deles é a refletividade das nuvens. Outro é o ozônio, gás que na troposfera (a camada mais baixa da atmosfera) funciona como um gás-estufa, mas que na estratosfera (a camada mais alta da atmosfera) desempenha o papel inverso. Outro ainda são os aerossóis, partículas em suspensão que ajudam a rebater a luz solar.

Um detalhe ironicamente trágico sobre os aerossóis é que eles estão presentes também em alguns tipos de poluição. O enxofre proveniente da queima do carvão mineral, por exemplo, torna a Terra mais opaca à radiação solar, impedindo o aquecimento de sua superfície. Mas como ele também causa chuva ácida e uma série de danos à saúde e ao ambiente, os países ricos que usam carvão para gerar energia, como os Estados Unidos e o Reino Unido, têm baixado leis nos últimos trinta anos que conseguiram reduzir a poluição por enxofre. Só que, ao tirar esse aerossol da jogada, acabaram eliminando um forçador radioativo negativo. Um estudo de 2005 estima que só a eliminação da poluição por enxofre tem o potencial de aquecer o planeta em 1°C nos próximos cem anos.[7]

DUAS LÂMPADAS POR METRO QUADRADO

Em seu último relatório, de fevereiro de 2007, os cientistas do IPCC somaram todos os fatores de aquecimento e de resfriamento do planeta, naturais e de origem humana, e conseguiram calcular a contribuição do *Homo sapiens* ao efeito estufa: ela corresponde a um forçamento radioativo adicional médio de 1,6 watt por metro quadrado ao ano. Nas palavras do climatologista americano James Hansen, é como se a humanidade tivesse ligado quase duas lâmpadas de ár-

---

[7] Meinrat O. Andreae, Chris D. Jones e Peter M. Cox, "Strong Present-Day Aerosol Cooling Implies a Hot Future"; *Nature*, n.º 435, pp. 1187-90, 30/6/2005.

vore de Natal em cada metro quadrado da superfície do planeta. É por essa medida que o efeito estufa, um fenômeno natural e benéfico, se transforma num vilão, o aquecimento global antropogênico.

O resto, como se diz, é história: um planeta que aqueceu 0,74°C no último século e que teve, de 1995 e 2006, 11 dos 12 anos mais quentes já registrados desde que as medições com termômetros começaram, em 1850. Um nível médio global dos oceanos que subiu 17 centímetros no século 20. Um degelo generalizado nos Alpes, nos Andes tropicais, no Ártico e em parte da Antártida. E um aumento no número de eventos climáticos extremos, como furacões intensos (categorias 4 e 5).

O PREÇO DA PROSPERIDADE

Os biólogos costumam dizer que a morte é um produto inevitável do metabolismo. Por essa mesma lógica, o aquecimento global é um produto praticamente inevitável da civilização humana. Cada vez que um ser humano enche o tanque com gasolina, anda de avião, pega um ônibus, acende a luz, come um bife ou liga o aquecedor no inverno, contribui de um jeito ou de outro para as emissões de gases-estufa. Não há civilização humana sem energia, e num século em que a população humana saltou de 1 bilhão para 6 bilhões – o século 20 – o uso de energia cresceu exponencialmente. Em apenas duas décadas, a de 1980 e 1990, a humanidade usou o equivalente a metade de toda a energia consumida nos 180 anos anteriores, de 1800 a 1980.[8]

---

[8] Flannery, *op. cit.* (nota 5).

Energia é igual a prosperidade, que é igual a combustíveis fósseis. Petróleo, carvão e gás natural hoje respondem por 85% da geração de energia no mundo. O PIB mundial subiu 900% desde o pós-guerra, e triplicou só dos anos 70 para cá. O consumo de petróleo aumentou quase na mesma proporção. Não por acaso, os países mais ricos do mundo são também os maiores consumidores de óleo. A revolução nos transportes, que abriu as portas para a globalização, foi e é movida a óleo. A Revolução Verde na agricultura também foi: fertilizantes e pesticidas são produzidos pela indústria petroquímica, assim como os plásticos e os tecidos sintéticos.

A relação de dependência da humanidade com o óleo escuro e malcheiroso que jorra a céu aberto no Oriente Médio é tão intensa que mesmo os cenários mais otimistas para o futuro ainda prevêem uma participação significativa dele na economia global no fim do século (ver Capítulo 5).

Quando o presidente George W. Bush admitiu, em 2007, que a economia dos Estados Unidos era "viciada em petróleo", ele não estava exagerando, embora estivesse também omitindo um outro vício muito mais pernicioso do maior poluidor do mundo: o carvão mineral. Cerca de metade da energia que abastece lares e indústrias nos Estados Unidos vem das florestas pré-históricas que viraram carvão – o mais poluente dos combustíveis fósseis. Diferentemente do petróleo, escasso e concentrado em alguns poucos lugares do planeta (a maioria deles politicamente sensíveis, como o Oriente Médio e a Venezuela), o carvão é abundante e suas jazidas se distribuem pelo mundo todo. A participação das termelétricas a carvão na geração de energia na média mundial é um pouco menor que nos EUA: cerca de 40%. Ainda assim, o dado é preocupante, já que o carvão continua a ser o combustível mais barato e seu uso vem crescendo, especialmente na China. Dona das maiores reservas de carvão mineral do planeta e com uma população de 1,3 bilhão, boa parte da qual aspirando à classe média, a China deve construir um terço das quase 500 usinas termelétricas a carvão projetadas para a década de 2009 a 2019.[9]

PRAZOS DISTINTOS

Há saídas para a crise climática? Sim, avaliam os cientistas. Mas a decisão de caminhar para ela envolve custos econômicos e políticos para os quais a civilização não está preparada. O custo de não agir, no entanto, pode ser bem maior. Até aqui essa ação tem sido protelada pelos governos, baseados no fato de que as projeções dos cientistas sobre a ligação entre a ação humana e as mudanças no clima serem cheias de incertezas – como tudo o mais na ciência.

Não dá para condená-los. Políticos de cujas decisões dependem milhões de empregos e bilhões de dólares (além, é claro, da própria sobrevivência eleitoral), como os chefes de Estado dos países poluidores, precisam de muito mais do que um ou dois gráficos de projeção de temperatura para se convencerem. A decisão de afastar-se dos combustíveis fósseis e buscar energias alternativas e modos de produção e consumo que emitam menos gás carbônico tem um impacto imediato no conforto da humanidade: é pedir ao americano médio que troque seu jipão por um

---

[9] Idem.

carro compacto e econômico. É pedir ao morador de São Paulo ou de Los Angeles que deixe o carro em casa e use o transporte público.

Mudanças tão radicais na sociedade têm sido historicamente impulsionadas por perigos reais, tangíveis. Os EUA se mobilizaram para entrar na Segunda Guerra Mundial após terem sido bombardeados; o Brasil desenvolveu o etanol como combustível após ter sido estrangulado pela crise do petróleo da década de 1970. Com o aquecimento global, pela primeira vez na história a humanidade precisa tomar uma decisão baseada em cálculos e projeções científicas. Nos próximos capítulos veremos por que os cientistas provavelmente merecem esse crédito, e o que dizem suas previsões – até aqui acertadas – sobre o futuro do clima do planeta.

2. DE ARRHENIUS AO AR4: A DESCOBERTA DO AQUECIMENTO GLOBAL

Eu certamente não teria feito esses cálculos tediosos se um interesse extraordinário não estivesse ligado a eles.
Svante Arrhenius, 1896

A história do casamento infeliz da humanidade com o dióxido de carbono começou a ser revelada no fim do século 19, graças a outro casamento infeliz: o do físico sueco Svante Arrhenius (1859-1927) com Sofia Rudbeck. Mais conhecido dos estudantes de química do ensino médio por sua teoria dos ácidos e das bases, Arrhenius foi o primeiro cientista a propor que o aumento da concentração de gás carbônico na atmosfera por atividades humanas, como a queima de carvão, tinha a capacidade de alterar significativamente a temperatura e o clima do planeta. Suas conclusões foram publicadas em dezembro de 1895, num estudo intitulado "Sobre a Influência do Ácido Carbônico do Ar na Temperatura do Chão".

A partir da segunda metade da década de 1890, Arrhenius e a mulher estavam em pé de guerra. A situação (que terminaria em divórcio em 1896) levou o cientista a buscar refúgio no trabalho, em seu escritório na Universidade de Uppsala. Ali Arrhenius se entregou a uma série de cálculos que ele mesmo admitia tediosos, para entender uma das questões que mais perturbavam os geólogos naquela época: a origem das eras do gelo e o papel do efeito estufa (descrito décadas antes por Fourier) e do "ácido carbônico" (nome dado naquela época ao CO_2) nesse processo.

Arrhenius calculou, para diversas latitudes, quanto a temperatura do planeta subiria ou cairia caso os níveis de CO_2 na atmosfera subissem ou caíssem em relação à concentração presente no ar daquela época. Em uma das muitas tabelas de seu artigo, ele conclui que a redução do nível de CO_2 no ar era a possível causa da glaciação, milhares de anos atrás, quando "os países que hoje gozam do maior grau de civilização" estavam cobertos de gelo. Em outra ele apresenta o dado que dá pela primeira vez a dimensão do problema do efeito estufa: dobrar a concentração de "ácido carbônico" na atmosfera faria o planeta esquentar de 5°C a 6°C, abrindo a possibilidade – muito bem-vinda, para ele – de a gélida Escandinávia vir a ter um clima ameno. Citando o trabalho de um colega sueco, Gustav Högbom, Arrhenius notou em seu artigo que a quantidade de gás carbônico produzida pela queima de carvão era igual à que circulava naturalmente na atmosfera. Sua conclusão, publicada num trabalho posterior, foi de que aumentar o consumo desse combustível poderia transformar a Suécia num paraíso tropical.

Os cálculos de Arrhenius sobre o efeito estufa, apesar de prescientes, acabaram sendo vistos pela academia como mera curiosidade geológica. Com o tempo, o sueco esqueceu o assunto, casou-se de novo e voltou a suas pesquisas sobre eletroquímica, que lhe dariam o Prêmio Nobel em 1903. Depois dos trabalhos de Milankovitch sobre a influência dos ciclos orbitais da Terra no clima e de outros estudos que mostravam também influências de manchas solares, erupções vulcânicas e outros fatores naturais, os climatologistas passaram a negar que o "ácido carbônico" ou qualquer atividade humana pudessem ter um efeito no clima. Essa visão dominou a academia por décadas. O historiador norte-americano da física Spencer Weart, em um livro-texto de 1940, chegava a declarar: "Nós podemos dizer com confiança que o clima não é influenciado pelas atividades do homem, exceto local e temporariamente".[10]

Um único homem chegou a desafiar essa certeza científica. Em 1938, um certo Guy Callendar, que se apresentava como "tecnólogo de vapor da Associação de Pesquisa das Indústrias Elétricas Britânicas", apresentou um artigo à Real Sociedade Meteorológica de Londres dizendo que as temperaturas globais *já estavam subindo*, e ele sabia por quê: a culpa era do dióxido de carbono produzido pelas atividades humanas. Vasculhando antigos registros de temperatura, Callendar descobriu que, da época em que Arrhenius fez seu estudo pioneiro até o fim da década de 1930, o nível de CO_2 no ar havia crescido 10%. Isso explicaria a subida de temperatura observada por ele naquele mesmo intervalo.

Os meteorologistas britânicos reagiram ao estudo de Callendar como quase todo cientista reage diante de um fato novo que contraria suas idéias: ignorando-o solenemente. Para começar, argumentavam, Callendar nem era do ramo; tratava-se apenas de um engenheiro, um amador curioso. Depois, havia

---

[10] Spencer R. Weart, "The Discovery of the Risk of Global Warming". *Physics Today*, jan. 1997.

duas objeções científicas ao seu trabalho. A principal era que ele havia deixado de lado o papel dos oceanos. E os oceanos são uma grande esponja de CO_2: contêm dezenas de vezes mais carbono que a atmosfera, e estudos anteriores já haviam mostrado que absorvem 95% do gás carbônico lançado nela.

A outra objeção baseava-se em experimentos de laboratório, mostrando que o CO_2 é tão eficiente em absorver a radiação infravermelha que mesmo uma quantidade muito pequena dele em um tubo bloqueava todo o calor. Dobrar ou cortar pela metade essa quantidade não faria a menor diferença. O primeiro grande alerta sobre a mudança climática causada pelo efeito estufa antropogênico foi, assim, desprezado.

A REVELAÇÃO DE REVELLE

Foi preciso esperar até o fim da Segunda Guerra Mundial, quando o interesse militar fez avançar enormemente a tecnologia de medições de infravermelho, para que o enigma da absorção fosse resolvido. O que se descobriu, no começo dos anos 1950, foi que os experimentos com o CO_2, então todos feitos no nível do mar, davam uma falsa impressão de saturação. Nos pólos e na alta atmosfera, a temperaturas mais baixas, a radiação infravermelha escapulia, e aumentar a quantidade de gás carbônico fazia, sim, diferença na quantidade de radiação absorvida.

Restava ainda o problema dos oceanos. E daí que aumentar a concentração de CO_2 altera a absorção de infravermelho? – raciocinavam os climatologistas. Os oceanos, afinal, estão cuidando de evitar que isso aconteça, ao seqüestrarem todo o carbono emitido por atividades humanas, não estão?

A resposta a essa pergunta seria dada pelo oceanógrafo americano Roger Revelle, em um artigo científico clássico, publicado em parceria com Hans Suess em 1957.[11] No começo da década de 1950, Revelle era diretor do Instituto Oceanográfico Scripps, na Califórnia, e havia sido encarregado de estudar a química da água do mar alguns anos antes a fim de preparar o terreno para os testes nucleares americanos no atol de Biquíni, no oceano Pacífico. Seu grande interesse científico era saber o que acontecia com uma molécula qualquer – de dióxido de carbono, por exemplo – uma vez que entrava no mar: quanto tempo demorava até que fosse absorvida pelo oceano e enterrada nas profundezas, e como acontecia a mistura.

A obsessão científica de Revelle ganhou status de assunto de segurança nacional com o começo da era dos testes nucleares. Era fundamental, por exemplo, saber como a poeira e os rejeitos radioativos das explosões atômicas se distribuiriam pelos oceanos, e por quanto tempo seriam perigosos. Era a chance de Revelle unir o útil para o país à satisfação do próprio intelecto, e responder a todas essas perguntas.

Naquela mesma época, Suess havia conseguido detectar na atmosfera o carbono fóssil produzido pela queima de combustíveis. Para isso, lançara mão da técnica do carbono-14, usada por arqueólogos para datar materiais orgânicos – como múmias, carvão e outros – e cada vez mais popular. O carbono-14 é uma versão radioativa do carbono, presente natural-

---

[11] Roger Revelle, Hans E. Suess, "Carbon Dioxide Exchange Between Atmosphere and Ocean, and the Question of an Increase of Atmospheric CO_2 During the Past Decades". *Téllus*, vol. 9, n.º 18 (1957).

mente na atmosfera e absorvida pelos seres vivos. Como ele decai, ou seja, se transforma em um átomo estável, a uma taxa conhecida, é possível saber a idade dos átomos de carbono-14 no ar e no mar.

Revelle propôs a Suess um trabalho em parceria. Usando a técnica, eles conseguiram estabelecer quanto tempo leva para uma molécula de gás carbônico ser absorvida pelo oceano: dez anos, em média. Isso levou a dupla a concluir que a maior parte do carbono emitido por atividades humanas desde o começo da Revolução Industrial teria ido parar no fundo do mar.

Mas foi aí que Revelle teve um estalo: não bastava saber quanto tempo as moléculas levariam para entrar no mar. Era preciso também saber por quanto tempo elas ficariam por lá, e quanto carbono adicional o oceano poderia suportar. Refazendo seus cálculos, o americano descobriu que os mares só absorvem um décimo do que se supunha: embora se misture rapidamente à água da superfície, o gás carbônico leva séculos para chegar às profundezas. Os oceanos, afinal, não eram uma esponja assim tão eficiente. E uma fração muito maior do que se imaginava das emissões de gás carbônico causadas por atividades humanas deveria, sim, permanecer no ar. Por vias tortas, Callendar e Arrhenius estavam certos. (Revelle, ironicamente, mais tarde seria professor de Gustav Arrhenius, neto do químico sueco.)

CHARLES KEELING VAI À MONTANHA

Àquela altura, a possibilidade de aquecimento global antropogênico se mostrava merecedora de uma investigação mais detalhada. Revelle e Suess aproveitaram as verbas de pesquisa abundantes no Ano Geofísico

Internacional, em 1957-58, para persegui-la, criando um grande programa de medição do CO_2 atmosférico. Para executar esse programa, contrataram um jovem geoquímico chamado Charles David Keeling, um cientista obsessivo que, nas palavras de Revelle, "nunca quis fazer mais nada na vida além de medir CO_2".[12]

Em 1958, Keeling iniciou suas medições, num lugar escolhido a dedo: o topo do vulcão Mauna Loa, no Havaí, a mais de 4 mil metros de altitude. Com o dinheiro do Ano Geofísico, Keeling comprou instrumentos muito mais precisos – e caros – do que seus colegas achavam que ele fosse precisar para aquele tipo de registro. O investimento mais do que compensou.

A estação do Mauna Loa era o melhor lugar possível para medir a concentração de CO_2 da atmosfera, porque fica bem longe de qualquer fonte poluidora que pudesse interferir nos dados. Weart lembra que a idéia original de Keeling era apenas passar alguns anos fazendo observações, para descobrir a concentração média de gás carbônico no ar do planeta. Algumas décadas depois, outro cientista voltaria ao local e veria se a concentração havia aumentado ou não.

Para surpresa geral, com apenas dois anos de medições Keeling já conseguira notar um aumento nos níveis de CO_2 na atmosfera, algo que ninguém previra. A partir de suas observações (só encerradas com sua morte, em 2005), Keeling montou um gráfico que mostrou, pela primeira vez, o ritmo frenético em que os seres humanos estão mudando a composição química da atmosfera. Esse gráfico, conhecido como a curva de Keeling, se tornaria o grande ícone da mudança climática.

---

[12] Weart, *op. cit.* (nota 10).

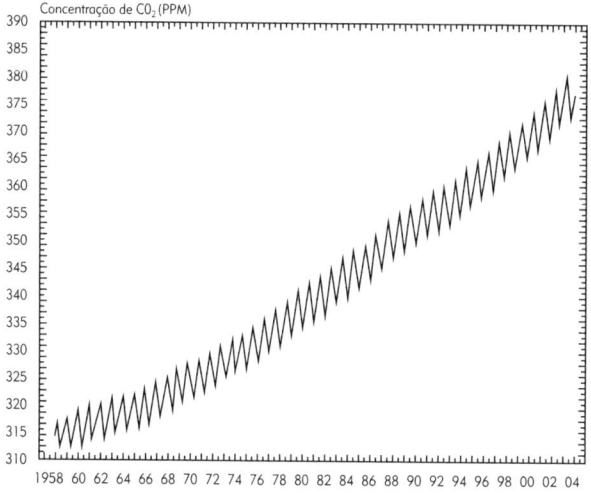

A curva de Keeling até 2005. Quando as medições no alto do Mauna Loa começaram, a concentração de gás carbônico na atmosfera era de 315 partes por milhão, já maiores do que em qualquer outro momento dos últimos 650 mil anos pelo menos. Hoje ela é de 379 partes por milhão. Note-se que, apesar da tendência clara de aumento, os níveis de CO_2 caem e sobem a cada ano. Isso se deve à "respiração" do planeta: as quedas correspondem à primavera do hemisfério Norte (onde está a maior parte das terras emersas e, portanto, da vegetação), quando as plantas brotam e retiram CO_2 do ar. As subidas correspondem ao outono boreal, quando as florestas perdem folhas e a decomposição libera grandes quantidades do gás.

A história poderia ter parado aí. Mas a atmosfera é um sistema tão complexo que as medições de Keeling estavam longe de ser o suficiente para resolver a questão. Para começo de conversa, ao mesmo tempo em que o herói do Mauna Loa anunciava seus primeiros resultados, um outro dado desconcertante aparecia:

as temperaturas globais aparentemente estavam *caindo* desde a década de 1940 – apesar da concentração cada vez maior de gases de efeito estufa na atmosfera. Ainda presos ao pensamento climatológico daquele tempo, segundo o qual uma interferência humana em algo tão imenso quanto a atmosfera era impossível, vários cientistas apontaram que a imensa variabilidade natural do clima da Terra superava o efeito estufa antropogênico. Até o começo da década de 1970, ainda se debatia se o planeta estava a caminho de cozinhar ou no rumo de uma nova era glacial.[13]

Mas Keeling havia tirado o gênio da garrafa. Seus estudos tornaram a previsão do clima uma questão científica séria. A partir da década de 1960, dois fatores colaboraram para isso. O primeiro foi o surgimento do movimento ambientalista moderno – com os primeiros protestos do Greenpeace contra os testes nucleares e a publicação do livro *Silent Spring* (Primavera Silenciosa),[14] da bióloga americana Rachel Carson, que em 1962 pôs o globo em alerta contra a poluição química. O segundo foi a tecnologia dos computadores, colocada a serviço dos meteorologistas.

Em 1967, enquanto os Beatles lançavam seu álbum revolucionário *Sgt. Pepper's Lonely Hearts Club Band*, o japonês Sykuro Manabe e o americano Richard Wetherland lançaram mão de computadores para publicar outro dado revolucionário: o primeiro cálculo convincente de que dobrar o nível de CO_2 na atmosfera aumentaria a temperatura global em 2°C. Oito anos depois, em 1975, a dupla estrearia os modelos computacionais na climatologia, refinando

---

[13] Spencer R. Weart, "Global Warming Timeline" [www.iap.org].
[14] Harmondsworth: Penguin ("Modern Classics"), 1999.

sua estimativa inicial e prevendo pela primeira vez que o dobro dos níveis de dióxido de carbono no ar faria a média do planeta crescer 2,4°C. Desde então, os modelos climáticos têm ficado cada vez mais precisos e potentes, com o aumento na capacidade de cálculo dos computadores. Hoje eles são uma das principais ferramentas de que os cientistas dispõem para estimar o impacto da atividade humana sobre o clima.

SIMULANDO A TERRA

Um modelo climático pode ser definido grosseiramente como um conjunto de equações matemáticas que descreve o comportamento de vários parâmetros atmosféricos e oceânicos: fluxo de energia, movimento de massas de ar, umidade e circulação. Para simular o clima da Terra, os cientistas montam os chamados modelos de circulação global, ou GCMs, na sigla em inglês – também conhecidos como modelos globais de clima. Um GCM é um programa de computador que divide a atmosfera em células tridimensionais e calcula o que acontece em cada uma delas quando algum parâmetro muda. Os GCMs mais modernos, conhecidos como AOGCMs, possuem dezenas de parâmetros de atmosfera e oceanos (daí o "AO"), e rodam simulações do que acontece em cem anos ou mais a cada variação de parâmetro.

Dito assim parece bem simples. No entanto, imagine calcular o efeito de cada parâmetro e o efeito integrado de todos os outros parâmetros juntos sobre ele. São milhões de equações complexas para resolver. Pior ainda: oceanos e atmosfera funcionam em ritmos diferentes. Mudanças na atmosfera acontecem em questão de horas; nos oceanos, podem levar séculos.

Para complicar ainda mais, o sistema climático é cheio de *feedbacks*, ou seja, perturbações em uma parte do sistema que alteram uma ou mais outras partes, num efeito-cascata. O excesso de CO_2 no ar pode aumentar a temperatura, causando, por exemplo, um aumento da evaporação nos trópicos. Essa maior evaporação facilita a formação de nuvens, que, dependendo de onde nascem, podem ajudar a resfriar o planeta. Isso é um exemplo de *feedback* negativo, ou seja, uma perturbação corta a outra. Mas, ao mesmo tempo, temperaturas mais elevadas podem causar o derretimento do *permafrost* (camada de solos congelados, especialmente no Ártico). E o *permafrost* contém grandes quantidades de matéria em decomposição, sendo portanto rico em metano e mais CO_2, que vai para o ar – e aumenta ainda mais a temperatura.

Esse tipo de *feedback*, o positivo, é o mais temido pelos climatologistas, como se verá mais adiante. Calcular e prever todos esses efeitos geralmente requer computadores poderosos, disponíveis em poucos lugares do mundo. É por isso que o IPCC, o painel do clima da ONU, trabalha com resultados de apenas uma dezena de modelos globais de clima.

Os modelos climáticos têm ainda dois problemas: primeiro, eles são meio míopes. Como precisam calcular milhares de fatores em cada uma de suas células, o número de células não pode ser tão grande que supere a capacidade dos computadores. Tipicamente, cada célula dos melhores modelos de circulação global é um cubo com 110 quilômetros de lado. Acontece que as nuvens, que são uma peça-chave no quebra-cabeça climático (porque podem tanto reter calor quanto resfriar o planeta), geralmente se formam e se dissolvem numa escala espacial muito menor. Ou seja, os GCMs não "enxergam" direito um fator importante.

O outro problema dos modelos é que eles ainda precisam melhorar sua simulação de parâmetros como o vapor d'água e os aerossóis. Essas partículas em suspensão são um dos principais agentes resfriadores do planeta, por sua capacidade de rebater a radiação solar para o espaço ou impedir que ela atinja a superfície da Terra. Entre 1940 e 1970, por exemplo, foram as partículas de enxofre emitidas pela queima maciça de carvão mundo afora que causaram a queda nas temperaturas globais. (A poluição, afinal, tem um lado positivo: ao tornar a atmosfera mais opaca à radiação, ela evita em alguma medida o aquecimento global.)

Outros parâmetros, como a quantidade de carbono estocada em florestas e a quantidade de CO_2 absorvida pela biosfera, também são incertos. Daí os modelos climáticos serem mais ou menos *à la carte* e dependerem um bocado das informações com as quais são alimentados inicialmente. Suas simulações do clima futuro carregam esses "vícios de origem", e geralmente dão resultados diferentes de modelo a modelo.

Até aqui, alguém poderia pensar que os céticos têm razão em duvidar do aquecimento global: se a ciência da previsão do clima depende de ferramentas tão imprecisas, como confiar nela? E se os meteorologistas nem conseguem dizer com certeza se vai chover ou fazer sol daqui a uma semana, como então querem prever se haverá mais ou menos furacões ou secas em 2100?

Muita calma aqui. Antes de mais nada, embora sejam faces da mesma moeda e lancem mão dos mesmos recursos, as previsões do tempo e do clima são coisas muito diferentes. Um modelo de circulação global jamais dirá que a probabilidade de chuva em São Paulo em 28 de setembro de 2075 é 50% ou 60%. Mas poderá informar se, em média, o planeta estará mais frio ou mais quente, que regiões provavelmente estarão mais secas ou mais úmidas. Como os climatologistas confiam neles? Por causa de duas palavras: calibragem e teste.

Primeiramente, os dados que alimentam os modelos são cruzados entre várias fontes. O registro de temperaturas com termômetros, por exemplo, é feito desde os anos 1850. A partir da década de 1970, satélites se somaram aos termômetros para observar a Terra e medir desde temperaturas até o recuo das geleiras. Comparando todos esses dados é possível chegar perto da "verdade" climática.

Depois, os modelos são testados de várias formas. O mais decisivo desses testes é o que os climatologistas chamam, em inglês, de *hindcast*, retroprevisão. O modelo é alimentado com uma série de dados iniciais e colocado para rodar no computador, com o objetivo de prever o clima de algum período no passado – o do século 20, por exemplo – como se estivesse prevendo o futuro. Geralmente, os GCMs se saem bem nesses testes, ou seja, suas previsões sobre como se comportaria o clima no século 20 consistem com o que foi efetivamente observado.

DEU NO NEW YORK TIMES

No começo da década de 1980, as evidências científicas de que o aquecimento global era real e precisava ser enfrentado haviam atingido uma massa crítica. A descoberta do buraco na camada de ozônio, em 1985, mostrou que emissões humanas de gases-traço – no caso, os clorofluorcarbonos ou CFCs, também gases-estufa potentes – podem, sim, causar danos sérios e imprevistos à atmosfera. Mostrou também que questões ambientais globais podem ser solucionadas: em

1987, dois anos após a descoberta do buraco, o mundo assinava o bem-sucedido Protocolo de Montreal, para banir os CFCs da indústria.

No ano em que o ozônio virou uma crise, uma conferência científica convocada pela Organização Meteorológica Mundial (ligada à ONU) em Villach, Áustria, concluiu pela primeira vez que alguma medida de aquecimento global era inevitável e que os governos deveriam fazer alguma coisa a respeito. Os cientistas reunidos em Villach propuseram que a OMM e o Conselho Internacional para a Ciência criassem um comitê para avaliar a literatura científica disponível sobre a mudança climática. Esse comitê, o Painel Intergovernamental sobre Mudança Climática, seria constituído em 1988.

Também foi em 1988 que o efeito estufa caiu na boca do povo. Naquele ano, o jornal *The New York Times* estampou em sua primeira página que os cientistas tinham 99% de certeza de que o mundo iria aquecer de forma catastrófica até o final do século 21. A manchete saiu de um célebre testemunho no Senado americano do climatologista James Hansen, do Centro Goddard de Estudos Espaciais, da NASA. Hansen era um astrônomo e matemático de formação, que queria estudar a atmosfera de Vênus, mas acabou frustrado com o baixo orçamento da NASA para missões interplanetárias e se dedicou ao clima terrestre. Ele fora convidado pelo então senador Al Gore para depor devido aos resultados de um artigo científico publicado em agosto de 1988, que estimava, com base em vários modelos, um aquecimento da Terra de 2°C a 5°C caso o CO_2 dobrasse. Previa também um aquecimento de 0,5°C a 1°C até 2019, em relação a 1960, caso as emissões continuassem no ritmo em que estavam. Aos senadores, Hansen declarou estar

"99% seguro" de que o efeito estufa antropogênico causaria um aumento perigoso da temperatura.

Até para seus colegas Hansen pareceu ter avançado o sinal. "Argumentei com ele que, com base no conhecimento científico disponível na época, nós só poderíamos ter de 80% a 90% de certeza", lembra Peter Stone, do MIT (Instituto de Tecnologia de Massachusetts), co-autor do estudo que levou Hansen ao Senado. Mas os jornalistas do *Times* estavam atrás de uma notícia *quente*, e a declaração do insuspeito especialista da NASA ganhou publicidade.

O ORÁCULO DO CLIMA

Levaria quase vinte anos até que os cientistas pudessem afirmar com mais de 90% de segurança que o clima não mudaria como tem mudado se não fossem as emissões humanas de gases-estufa. Essa quase certeza, um feito incrível quando se considera a complexidade do sistema climático global, foi produzida graças ao trabalho árduo do IPCC.

O painel do clima das Nações Unidas, composto de cerca de 2 mil cientistas, é uma espécie de oráculo do futuro climático da Terra. A cada cinco anos, o IPCC produz um grande relatório sobre as mudanças globais do clima. Cada relatório se divide em três partes: a primeira explora a base física do fenômeno; a segunda lida com os impactos do aquecimento sobre ecossistemas e sociedades; e a terceira, com formas de mitigar a tragédia.

Quatro relatórios já foram produzidos desde a criação do painel (em 1990, 1995, 2001 e 2007). Para elaborar cada um, grupos formados por dezenas de climatologistas, economistas e outros cientistas do mundo inteiro (inclusive do Brasil) passam anos selecionando as melhores informações publicadas na literatura científica mundial sobre o assunto. Suas conclusões não são à prova de falhas, mas contam com uma imensa vantagem da ciência sobre outras formas de conhecimento: seu mecanismo de autocorreção. Uma pesquisa errada geralmente é desacreditada por estudos posteriores e acaba sendo expurgada da literatura.

Além dos relatórios, cada um com milhares de páginas, os cientistas precisam escrever um resumo com suas principais conclusões, que será encaminhado aos governos para orientar as políticas públicas na área. O primeiro relatório, conhecido como FAR (do inglês *First Assessment Report*, Primeiro Relatório de Avaliação) chamou atenção para a interferência da humanidade no clima e embasou a criação da Convenção do Clima da ONU, em 1992; o segundo, o SAR (*Second Assessment Report*), forneceu as informações cruciais para o estabelecimento do Protocolo de Kyoto, em 1997.

A cada relatório, o IPCC diminui as incertezas sobre as causas e conseqüências do aquecimento global e aumenta seu próprio peso como autoridade máxima no assunto no mundo. Por duas razões: em primeiro lugar, porque a ciência climática tem avançado imensamente. Os modelos de circulação global usados no FAR, por exemplo, tinham resolução espacial (ou seja, o tamanho de cada um dos "cubos" nos quais o planeta é dividido) de 500 quilômetros. Sua representação do oceano era patética: a circulação oceânica profunda, por exemplo, não podia ser simulada, o que, a rigor, significava enxergar só uma parte do sistema climático. Os modelos do *AR4*, como foi batizado o Quarto Relatório de Avaliação, tinham células de 110 quilômetros (ou seja, a resolução quase quintuplicou) e conseguiam simular não só a circulação oceânica profunda como também os rios, o ciclo do carbono, os aerossóis, a vegetação e a dinâmica química da atmosfera.[15]

O segundo motivo da maior confiança no IPCC, na verdade, é uma má notícia: o clima da Terra mudou a olhos vistos desde os anos 1980. O derretimento das geleiras acelerou e os eventos extremos aumentaram em freqüência. Com mais anos de medições, aumenta a confiabilidade das previsões.

ARES DO PASSADO...

O trabalho do IPCC na avaliação da base física das mudanças climáticas está pautado em dois pilares: detecção e atribuição. Em outras palavras, os cientistas tentam responder a duas perguntas: O clima mudou? E, se mudou, a culpa é nossa?

Para responder à primeira pergunta é preciso mergulhar no passado da Terra muito além dos pouco mais de 150 anos de medição de temperatura com termômetros. É preciso saber como o clima mudou nas últimas centenas de milhares de anos e descobrir se há alguma coisa extraordinária da era industrial em diante.

Há várias maneiras de reconstruir o clima do passado: é possível olhar anéis de crescimento de árvores centenárias, a composição química de corais e até os registros meteorológicos de antigas vinícolas da Europa. Mas o melhor amigo da paleoclimatologia, como é chamado o estudo do clima antigo, é o gelo da Antártida e da Groenlândia. Um lugar em especial

---

[15] IPCC, *AR4*, Working Group 1: The Scientific Basis, cap. 1.

merece a devoção dos paleoclimatologistas: o Domo Concórdia, ou Domo C para os íntimos. Nesse local, um platô congelado onde existe uma estação de pesquisas européia, o manto de gelo antártico tem quase 4 quilômetros de espessura, resultado do acúmulo de neve durante centenas de milhares de anos.

Usando brocas sofisticadas, um grupo de cientistas europeus extraiu do Domo C um cilindro de gelo de 3.200 metros de comprimento. Cilindros do tipo, conhecidos pelos cientistas como testemunhos de gelo, são registros preciosos do clima no passado. Isso porque eles guardam literalmente o ar do passado: bolhas de ar que, misturadas à neve que caiu em outros tempos, acabam ficando aprisionadas no gelo. Quanto maior a espessura do manto de gelo, maior o testemunho e mais longe no passado. No Domo Concórdia, a base desse testemunho fica a impressionantes 650 mil anos.

Em laboratório, os cientistas analisaram a composição química das bolhas para ver como o ar mudou nesse período. Analisando a proporção entre os isótopos (tipos diferentes) do hidrogênio e do oxigênio na amostra de gelo, eles também conseguiram determinar se o mundo estava mais frio ou mais quente, e quanto em média, quando cada camada de neve se depositou no manto glacial.

A conclusão: em todos os ciclos glaciais e interglaciais, seis ao todo nesses 650 milênios, a temperatura do planeta variou com a quantidade de gases-estufa. Mais CO_2, mais calor. Menos CO_2, mais frio, como previra Arrhenius. Em todo esse tempo, antes da era industrial, a concentração de CO_2 na atmosfera jamais foi maior que 280 partes por milhão. Há 125 mil anos, quando ela atingiu esse pico, o planeta aqueceu 2°C além da média e o manto de gelo da Groenlândia derreteu em parte. Como conseqüência, o nível do mar subiu 5 metros. Hoje, em apenas 150 anos, o CO_2 chegou a 379 partes por milhão. Um sinal fortíssimo de que o clima mudou, sim.

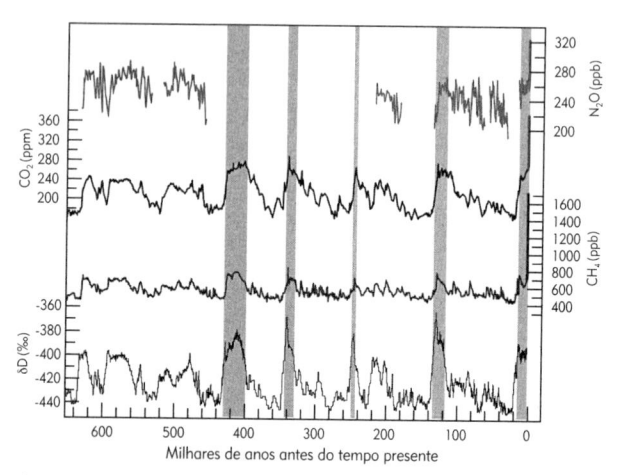

O registro climático guardado no gelo do Domo C, na Antártida, constata que o aumento na concentração de gases-estufa é sem precedentes nos últimos 650 mil anos. Os gráficos mostram como variaram os níveis de óxido nitroso (N_2O), gás carbônico (CO_2) e metano (CH_4), e a temperatura nesse período. Repare como a curva de temperatura acompanha a de gás carbônico.
Fonte: IPCC, AR4

Os dados do Domo C, somados às medições com termômetros e satélites (que, além de medir a variação da temperatura, detectam ainda variações no nível do mar e na espessura das geleiras) ajudam a responder à primeira pergunta e a parte da segunda. No entanto, para distinguir o "sinal" do efeito estufa antropogênico, é preciso voltar aos modelos de computador e tentar simular qual seria a variação da temperatura global no século 20 caso apenas os fatores

Fatores naturais e antropogênicos

Somente fatores naturais

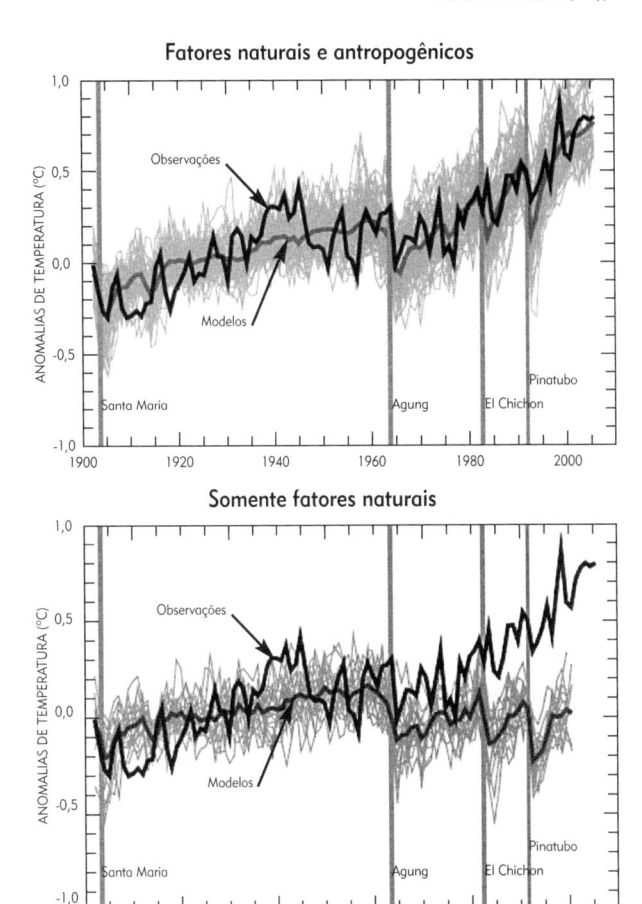

Segundo o IPCC, é "extremamente improvável" (ou seja, menos de 5% de probabilidade) que o aquecimento registrado no século 20 tenha se devido apenas a efeitos naturais.

naturais tivessem variado. O IPCC fez isso. O resultado está nos dois gráficos acima: o primeiro combina o resultado de dez modelos climáticos diferentes e as medições reais (linha preta) para mostrar como variou a temperatura no século 20 incluindo fatores naturais e antropogênicos; o segundo mostra como teriam variado as temperaturas, segundo esses mesmos modelos, caso apenas os efeitos naturais tivessem sido modelados.

...ARES DO FUTURO

O resultado de todas essas medições e modelagens permitiu ao AR4 estabelecer, pela primeira vez, que o aquecimento global é "inequívoco" e "muito provavelmente" (mais de 90% de chance de ser verdade) causado pelas emissões humanas de dióxido de carbono, metano, óxido nitroso e outros gases. A partir daí, vários cenários foram construídos e simulados nos modelos climáticos para tentar projetar a variação da temperatura no planeta em 2100. Esses cenários levam em conta sobretudo as emissões globais de CO_2 pela queima de combustíveis fósseis e pelas mudanças no uso da terra.

A principal (e trágica) notícia do relatório é que a chamada sensibilidade em equilíbrio do clima da Terra, segundo a média de todos os modelos, está entre 2°C e 4,5 °C, sendo mais provavelmente de 3°C. Ou seja, é esse o total que o planeta esquentará caso a concentração de CO_2 dobre na atmosfera em relação à era pré-industrial. Isso significa algo em torno de 500 a 550 partes por milhão de CO_2 no ar. Já estamos em 379. O IPCC observa ainda que "valores substancialmente mais altos que 4,5°C não podem ser excluídos".

As previsões de aumento da temperatura em 2100 de acordo com os cenários variam de 1,8°C, no cenário de emissões mais baixas, a 4°C, no de emissões mais altas. Isso tudo além do 0,76°C já observado desde a era pré-industrial.

Mesmo que todas as emissões de gases-estufa tivessem parado de crescer em 2000, o gás carbônico que está na atmosfera – lembre-se, ele permanece mais de um século no ar –, aliado a uma resposta lenta dos oceanos, bastaria para elevar a temperatura média global em pelo menos mais 0,1°C por década. Não importa o que os seres humanos façam de agora em diante, o mundo ficará bem mais quente, com conseqüências funestas para plantas e animais, em especial para uma espécie – o *Homo sapiens*.

# 3. DEPOIS DE AMANHÃ

Natura moderatrix maxima
[A Natureza é a melhor moderadora]
Provérbio latino

No começo de 2007, a Agência de Proteção Ambiental dos Estados Unidos colocou na sua lista de espécies ameaçadas o urso-polar (*Ursus maritimus*). O maior carnívoro terrestre depende do mar congelado para caçar focas no inverno e está morrendo devido ao derretimento acelerado da banquisa do Ártico. Sem as plataformas de gelo flutuante, os ursos-polares estão condenados a passar fome, se ficarem em terra firme, ou a se afogar, caso se aventurem no mar. Populações que habitam o Ártico canadense têm ficado cada vez mais magras, e os cerca de 20 mil animais que existem hoje na natureza podem sumir por completo no meio deste século.

Menos carismática que os ursos, mas tão importante quanto eles para o ecossistema em que vivia, era a rã dourada (*Bufo periglenes*). Endêmico das florestas tropicais da Costa Rica, esse anfíbio foi descoberto pelos cientistas na década de 1960 e declarado extinto em 1999. Mais de setenta outras espécies de anfíbios nas Américas seguem o mesmo caminho e declinam em ritmo acelerado, inclusive no Brasil. A principal causa da extinção dos anfíbios, acreditam os biólogos, é a proliferação do quitrídeo, um fungo assassino que infecta a pele de sapos e rãs. Como os anfíbios usam a pele para respirar, o fungo acaba matando-os por asfixia. O aquecimento global favorece a proliferação do quitrídeo.

Em todo o mundo, biólogos têm mostrado que os efeitos da mudança climática não são algo para daqui a cem anos: eles já se fazem sentir sobre os ecossistemas de forma grave pelo menos desde a década de 1970. O calor tem deslocado espécies de zonas de montanha cada vez mais para o alto; peixes tropicais hoje são encontrados em altas latitudes, já que mares que antes eram frios demais para eles se tornaram mais tépidos. Ao mesmo tempo, peixes que só vivem em água fria – incluindo espécies economicamente importantes, como o bacalhau – tiveram seu habitat reduzido. Uma ajuda sinistra ao declínio já causado pela sobrepesca.

Em seu último relatório, o IPCC estima que de 20% a 30% das espécies do planeta entrarão em "risco aumentado de extinção" caso a temperatura global ultrapasse a faixa do 1,5°C a 2,5°C. É uma péssima notícia, porque, como já vimos, o painel do clima praticamente descarta um aumento total de temperatura menor que adicionais 1,8°C, em 2100. As extinções, portanto, deverão ficar mais freqüentes. Embora caricata, a comparação com o asteróide do Cretáceo, sugerida no Capítulo 1, não é de todo despropositada.

UM ÁRTICO VERDE

Em nenhum lugar a realidade do aquecimento global é tão evidente quanto nos pólos. Um dos marujos do Navio de Apoio Oceanográfico Ary Rongel, da Marinha brasileira, expressou de forma simples e definitiva essa percepção ao desembarcar em dezembro de 2001 na base aérea chilena Presidente Eduardo Frei, na Península Antártica. Olhando as montanhas em volta da pista de pouso numa das raras manhãs de céu limpo do verão e dando pela falta de neve, o marinheiro carioca, veterano de viagens ao continente gelado, sentenciou: "Esta Antártida já não é mais a mesma".[16]

O comentário resignado pode ser colocado em números: a Península, zona mais quente do continente antártico, esquentou mais de 2°C desde 1950; é mais do que duas vezes o que o mundo inteiro aqueceu em um século. Um estudo britânico de 2005, baseado em fotos e imagens de satélite, constatou que 87% das geleiras da Península estão recuando.[17] Algumas delas desembocavam na plataforma de gelo Larsen B, cuja ruptura espetacular em 2002 chocou o planeta (como vimos na Introdução).

Se na Antártida o gelo e a neve cedem lugar às rochas nuas, o Ártico tem estado cada vez mais verde. A região polar norte esquentou quase 3°C, muitíssimo mais que a média global, o que faz com que as florestas de pinheiros e a tundra ocupem zonas onde até então nenhum tipo de vegetação crescia. O calor também tem causado a perda acelerada do gelo

---

[16] Depoimento ao autor.
[17] Alison J. Cook *et. al.*, "Retreating Glacier Fronts on the Antarctic Peninsula Over the Past Half-Century". *Science*, vol. 308, n.º 5771, 22/4/2005.

marinho no Ártico. E "acelerada", aqui, é mais do que força de expressão.

A cada ano, a extensão do mar congelado na região bate recordes de encolhimento. O mais notável aconteceu em setembro de 2007, quando a Passagem Noroeste, a lendária rota marítima permanentemente congelada entre o Atlântico e o Pacífico, se abriu pela primeira vez na história registrada. Até então, pouca gente achava que isso pudesse acontecer antes do meio do século. Só entre 2006 e 2007, a extensão mínima do gelo marinho caiu 1,2 milhão de quilômetros quadrados (área equivalente a um quinto da Amazônia). Nesse ritmo, o pólo Norte estará totalmente sem gelo no verão em poucas décadas. Papai Noel terá de se mudar.

Os 561 habitantes de Shishmaref, uma aldeia inuíte no Alasca, já se mudaram. Como seus avós, bisavós e tataravôs, eles tiravam sua subsistência da caça à foca no mar de Chukchi, que costumava congelar todo outono. Nas últimas décadas, a caça vinha ficando cada vez mais arriscada, porque não era mais possível caminhar com segurança sobre a banquisa: o gelo tinha consistência de lama. As placas de gelo flutuantes também protegiam a vila contra as ressacas. Com o verão cada vez mais alongado e o mar congelando mais tarde a cada ano, Shishmaref se viu à mercê das águas: em 1997, uma tempestade arrancou uma faixa de terra de dezenas de metros do lugarejo. Em 2002, a comunidade resolveu transferir a vila inteira para o interior.[18]

No manto glacial da Groenlândia, o derretimento também é acelerado. Um estudo da NASA mostrou que na última década os rios de gelo do sudeste e sudoeste da região aumentaram sua descarga

---

[18] Elizabeth Kolbert, "The Climate of Man". *The New Yorker*, 25/4/2005.

no oceano de 90 para 220 quilômetros cúbicos. Tamanha aceleração na velocidade com que as geleiras escorregam para o mar não estava prevista nos modelos dos glaciologistas. Ela é causada por uma espécie de "efeito-vaselina": a água que derrete no topo do manto de gelo no verão penetra por buracos chamados "drenos de gelo" e escorre até a sua base, onde a geleira toca o leito de rocha. Isso lubrifica a geleira, diminuindo o atrito com a rocha e facilitando o escorregamento.

AFOGANDO NOVA YORK

O derretimento da Antártida e do Ártico faz muito mais do que estragar paisagens bonitas, matar ursos ou atormentar esquimós. Tudo isso, claro, já seria uma tragédia. Mas quem anda de metrô em Nova York, ou quem gosta de pegar uma praia em Recife, tem bons motivos para querer os pólos brancos e firmes. Isso porque geleiras continentais, ao derreterem, fazem aumentar o nível do mar, um dos efeitos da mudança climática mais danosos à sociedade.

O nível global dos oceanos num cenário de aquecimento do planeta é afetado mais ou menos na mesma proporção por dois fenômenos. Um é o degelo continental; o outro é a chamada expansão térmica. Para entender do que se tratam, pode-se realizar um experimento doméstico em duas etapas, com uma chaleira, uma peneira de aço, um cubo de gelo e um maçarico de cozinha.

Na primeira etapa, encha a chaleira até certo ponto, depois coloque o gelo na peneira sobre ela e deixe que derreta. A água escorrerá para dentro da chaleira, elevando o nível do líquido. No sistema global, geleiras continentais – os mantos de gelo da

Antártida e da Groenlândia e montanhas como os Andes, os Alpes e o Himalaia – fazem o papel do cubo de gelo na peneira, lançando no oceano uma quantidade de água extra (isso porque o que elas perdem anualmente por degelo é mais do que ganham por precipitação de neve). O gelo marinho e as plataformas glaciais flutuantes, como a Larsen B, não influenciam diretamente o nível do mar quando derretem. São como cubos de gelo que já estivessem dentro da chaleira. Derretidos, como sabe qualquer bebedor de uísque, não alteram o nível do líquido.

A Antártida, sozinha, concentra 80% da água doce do planeta, na forma de um manto glacial continental que chega a 4 quilômetros de espessura sobre o pólo Sul. É virtualmente impossível que todo esse gelo derreta, mesmo nos cenários mais tresloucados de emissões de gás carbônico. Se isso acontecesse, o mar subiria cerca de 70 metros. No entanto, há uma porção do continente gelado, além da Península, vulnerável: o manto de gelo na Antártida Ocidental. Essa imensa capa glacial difere da parte oriental da Antártida por estar assentada em grande parte abaixo do nível do mar. Isso significa que a água pode penetrar entre a camada de gelo e o leito oceânico, causando também um "efeito-vaselina" tanto maior quanto mais quente for a água. A ruptura do manto de gelo da Antártida Ocidental, sozinha, elevaria o nível do mar em 5 metros. O derretimento quase total do manto de gelo da Groenlândia poderia contribuir com mais 7 metros.

Para se ter idéia do que significaria para a civilização o degelo de uma ou outra, ou de ambas, pense que o mar já subiu 17 centímetros no último século, a uma taxa de 1,8 milímetro por década até 1993 – e, de lá para cá, a 3,1 milímetros por década. Isso tem causado cada vez mais problemas de erosão marinha e de ressaca em cidades litorâneas do mundo todo. Nações-ilhas do Oceano Pacífico, como Tuvalu e Vanuatu, todas elevadas menos de dez metros acima do nível do mar, já perderam terras e infra-estrutura para os oceanos. Com dez centímetros a mais de elevação, o metrô de Nova York ficaria alagado durante ressacas. É nos eventos meteorológicos extremos que a água extra no oceano se faz lembrar. Apesar de a elevação total ser pequena, o efeito de "empilhamento" faz com que essa lâmina d'água se espalhe por uma área muito grande. Somente entre 1985 e 1995, a linha costeira em Recife recuou 25 metros. Com meio metro de elevação do nível do mar, 100 metros de praia seriam consumidos no Nordeste do Brasil.[19]

No mundo inteiro, a porção de terras emersas a menos de dez metros acima do nível do mar comporta 630 milhões de pessoas e boa parte da economia global. Estamos falando de cidades como Rio de Janeiro, Fortaleza, Recife, Londres, Xangai, Sydney, Tóquio, Nova York e Bombaim, com toda sua infra-estrutura. Imagine-se tudo isso parcialmente debaixo d'água.

Podemos passar à segunda parte da experiência. Ponha a chaleira no fogão e ligue-o. Marcando com um lápis o nível da água, pode-se ver que, à medida que esquenta, ela sobe. Essa é a chamada expansão térmica: água quente ocupa um volume maior do que água fria. Com os mares acontece a mesma coisa, só que, no caso da Terra, o calor vem de cima para baixo

---

[19] José A. Marengo, Carlos A. Nobre, Enéas Salati e Tercio Ambrizzi, *Caracterização do Clima Atual e Definição das Alterações Climáticas Para o Território Brasileiro ao Longo Do Século XXI*. Ministério do Meio Ambiente, 2007 [www.cptec.inpe.br/mudancas_climaticas].

e demora dezenas ou centenas de anos para se propagar até o fundo. A resposta lenta do oceano ao aquecimento global é uma das piores notícias do relatório de 2007 do IPCC: os mares continuarão subindo por inércia durante séculos, mesmo que a humanidade desligue o fogão, ou seja, que as emissões de gases-estufa sejam estabilizadas. Se em 2100 as concentrações forem limitadas em 850 partes por milhão de CO_2 (um nível altíssimo, mas não extremo), a expansão térmica sozinha – sem contar o degelo – fará com que eles subam mais 80 centímetros até 2300. Isso além dos 59 centímetros de elevação projetada pelo IPCC até o fim deste século, devido aos dois efeitos somados.

Só esta elevação projetada pelo painel até 2080 fará com que 100 milhões de pessoas tenham suas casas inundadas todos os anos pelo mar, forçando movimentos populacionais maciços. Sistemas de coleta de esgoto, dimensionados para o nível atual do oceano, precisarão ser refeitos ou entrarão em colapso, com resultados previsíveis sobre saúde pública e mortalidade infantil, especialmente em regiões pobres, como Fortaleza, a Baixada Fluminense, a periferia de Buenos Aires e Bancoc. A intrusão de água salgada nos rios e lençóis freáticos deve estrangular ainda mais o já frágil abastecimento de água das metrópoles litorâneas. Países ricos gastarão bilhões de dólares para adaptar sua infra-estrutura à nova realidade climática. Países pobres, que não dispõem desse dinheiro, sofrerão as conseqüências em perda de vidas humanas e prejuízos econômicos.

Muitos climatologistas de alto coturno, como James Hansen, da NASA, acham que a previsão do IPCC sobre a elevação do nível do mar foi muito conservadora. O painel do clima não considerou efeitos de um degelo fora de controle, como o que parece estar acontecendo na Antártida Ocidental e na Groenlândia desde 1993, e previu que o colapso dessas calotas polares só acontecerá após 2100. Um estudo feito pelo oceanógrafo alemão Stefan Rahmstorf levou em conta a aceleração do degelo polar após 1993 e chegou a um número distinto daquele do IPCC: até 1,4 metro de elevação do nível do mar até 2100, e não menos de 59 centímetros.[20]

BORBOLETAS LETAIS

Estando certos ou não, cientistas como Rahmstorf, Hansen e outros mais estridentes, tudo indica ser má idéia perturbar o equilíbrio do sistema climático, não só pelo que se sabe que pode acontecer, mas principalmente pelo que *não* se sabe. Pequenas alterações em um de seus componentes podem causar grandes problemas adiante, numa relação conhecida pelos meteorologistas como o "efeito borboleta": o bater das asas de uma borboleta no Brasil, dizem, pode causar um tornado no Texas. Em outras palavras, o clima é um sistema complexo e sujeito a mudanças abruptas e diversos tipos de *feedback*. Vários deles têm o potencial de jogar o termômetro ainda mais para cima.

O caso mais conhecido de *feedback* envolve justamente o degelo do Ártico, e foi retratado de forma brilhantemente caricata pelo cineasta Roland Emmerich no filme-catástrofe *O Dia Depois de Amanhã*, de 2004. Emmerich mostra o aquecimento global,

---

[20] Stefan Rahmstorf, "A Semi-Empirical Approach to Projecting Future Sea-Level Rise". *Science*, vol. 315, n.º 5810, pp. 368-370.

paradoxalmente, mergulhando a maior parte do hemisfério Norte em uma era glacial.

Embora a intensidade, a velocidade e o padrão do fenômeno retratados ali não tenham compromisso algum com a realidade, a essência do mecanismo foi captada pelo filme: o aquecimento global faz derreterem as geleiras do Ártico, lançando água doce no oceano. Isso diminui a salinidade do oceano polar e altera o padrão de circulação da corrente oceânica que leva calor dos trópicos para a Europa, a Corrente do Golfo.

Funciona assim: como já vimos, o Sol não aquece a Terra por igual. Os trópicos recebem mais radiação que as latitudes mais altas, e esse calor é distribuído depois, tanto pela atmosfera quanto pelo oceano. Um dos mecanismos de distribuição de calor é a chamada Circulação Termohalina do Atlântico Norte. Ela começa com a Corrente do Golfo, que sai do Golfo do México e leva calor e umidade para o mar do Norte. É graças a ela que Londres, mesmo estando numa latitude ártica, tem temperaturas relativamente benignas. Não fosse por ela, a Europa Ocidental seria em média 5°C mais fria.

A Corrente do Golfo, no entanto, não pode funcionar isolada. Ela faz parte de um sistema fechado de convecção, que depende de temperaturas (daí o "termo" do nome) e de diferenças de salinidade (daí o "halina"). Ao chegar no Ártico, ela perde calor e afunda devido ao fato de suas águas serem bem menos salgadas que as do mar gelado em volta (por isso é mais fácil boiar no mar do que na piscina), seguindo rumo aos trópicos como uma corrente fria submarina. O maior fluxo de água doce – resultante também do degelo na Sibéria, que aumenta a quantidade de água levada pelos rios para o oceano Ártico – no pólo diminui progressivamente essa diferença de salinidade, retardando o grande motor oceânico. Na última era glacial, há cerca de 12 mil anos, essa corrente foi desestabilizada, e as temperaturas na Holanda caíram abaixo de 20°C negativos no inverno. Até agora, não há previsão segura de uma nova desaceleração radical na circulação termohalina, mas é fato que desde 1970 os cientistas registram uma salinidade cada vez mais baixa no Ártico.

Outro *feedback* envolve o gelo marinho da região e o chamado albedo da Terra. Albedo é o nome complicado que os cientistas dão para a "brancura" do planeta: quanto mais branca é uma superfície, maior a quantidade de radiação solar que ela reflete em todos os comprimentos de onda. Houve quem chegasse inclusive a propor, como solução para o efeito estufa, que se pintasse o planeta de branco para aumentar o albedo da Terra e diminuir a temperatura. O gelo marinho tem um albedo bem alto: reflete 90% da radiação para o espaço. As águas escuras do mar, por outro lado, têm um albedo baixíssimo: absorvem cerca de 80% da radiação. Além de ser um problema em si mesmo, a perda do gelo marinho faz a Terra absorver ainda mais radiação, ajudando a esquentar mais ainda o globo.

Ainda nos mares, a concentração cada vez maior de gás carbônico tem progressivamente entupido o principal "ralo" para o excesso de gases-estufa produzidos pelo homem. Os oceanos, que seqüestram 42% do CO_2 liberado na atmosfera, estão cada vez mais ácidos, já que o gás carbônico se combina com a água para formar ácido carbônico (é por isso que água com gás tem esse gosto azedinho). A acidez maior inibe a formação de carbonato de cálcio, a molécula que constitui a carapaça dos microorganismos marinhos (o fitoplâncton) e que é depositada no fundo do mar quando esses micróbios morrem, formando o calcário. Sem o fitoplâncton, a capacidade oceânica de seqüestrar carbono em forma de calcário fica comprometida – e os mares poderão passar de sumidouro a fonte desse gás.

Outra possibilidade de um descontrole causado por um *feedback* climático foi aventada por meteorologistas do Centro Hadley, no Reino Unido. Ela envolve um colapso completo da floresta amazônica a partir de 2050, causado pelo aumento da concentração de CO_2 no ar. O carbono em excesso e as temperaturas altas aumentam a atividade dos microorganismos decompositores no solo. Isso lança ainda mais carbono na atmosfera, causando uma reação das árvores na floresta: elas fecham seus estômatos e param de transpirar, reduzindo com isso a umidade e as chuvas sobre a floresta. Sem água, as plantas morrem, aumentando ainda mais a taxa de decomposição e a quantidade de carbono na atmosfera. Como a Amazônia é um dos maiores reservatórios de carbono do planeta, as conseqüências do seu colapso para o clima da Terra seriam catastróficas: a concentração de CO_2 subiria em cerca de 300 partes por milhão. Esse cenário tem uma probabilidade baixíssima de ocorrer, mas, como se verá nos próximos capítulos, uma outra tragédia potencial paira sobre a Amazônia.

SECOS E MOLHADOS

Mesmo que a selva equatorial não vire um deserto tão logo, o aquecimento global já demandou uma mudança nos livros-texto de geografia e meteorologia. A maior parte deles é categórica em dizer que furacões não acontecem no Atlântico Sul. No Atlântico, eles se formam exclusivamente na região do Golfo do México. Mas os brasileiros aprenderam em 2004 que isso não é mais verdade.

Nos dias 27 e 28 de março daquele ano, um ciclone extratropical se formou no litoral de São Paulo e rumou a Santa Catarina. Isso é normal para essa época do ano: as condições de vento, temperatura da água e umidade favorecem a formação de tempestades, que recebem genericamente o nome de ciclones extratropicais. Aquele ciclone, no entanto, era diferente. Era uma tempestade tão intensa que formou um olho, e se abateu sobre Santa Catarina e sobre o norte do Rio Grande do Sul com ventos de até 170 km por hora, típicos de um furacão de categoria 1, como os que acontecem na zona do Golfo. O Brasil estava diante de Catarina, o primeiro furacão registrado no Atlântico Sul em toda a história.

No ano seguinte ao Catarina, Katrina e Rita caíram sobre os EUA e o Caribe, ambos em categoria 5 (a mais intensa na escala Saffir-Simpson, que mede a potência de furacões). O primeiro foi o furacão mais custoso da história, tendo causado um prejuízo estimado em US$ 30 bilhões. O ano seguinte teve uma temporada calma no Atlântico, mas 2007 voltou a ver dois furacões da categoria 5, Dean e Felix, se formarem praticamente um após o outro (por sorte, nenhum deles atingiu zonas intensamente povoadas, mas ambos causaram dezenas de mortes e prejuízos milionários). Tormentas com essa intensidade eram consideradas raras no registro: antes de 2007, apenas quatro temporadas tiveram furacões de potência máxima.

A relação entre aquecimento global e furacões é um dos tópicos mais controversos da climatologia. Por um lado, é impossível atribuir qualquer tormenta individual à mudança climática, e o registro de tempestades no Atlântico e em outras bacias oceânicas é extremamente variável. Por outro lado, nenhum climatologista discordaria que um mar mais quente em média favorece a formação de furacões. É uma questão elementar de física.

Um furacão nada mais é do que um agrupamento de tempestades tropicais. Estas se formam quando a água do mar tropical está quente demais, por volta de julho ou agosto, e a evaporação na superfície oceânica é intensa. Quanto mais quente estiver o mar, mais água evapora – e, portanto, mais "combustível" está à disposição para o surgimento ou a intensificação de um ciclone. Katrina, Dean e Felix começaram como furacões fracos, mas foram ganhando energia à medida que se deslocavam através de águas quentes no Golfo do México, ganhando combustível.

Um estudo do climatologista americano Kevin Trenberth, um dos primeiros a propor a relação entre aquecimento e furacões, estimou que 50% do aquecimento anormal de 0,9°C nas águas do Atlântico em 2005 se deveu ao efeito estufa antropogênico. Então, mesmo que o número absoluto de furacões não cresça, a quantidade de tempestades de categoria 4 e 5 tende a aumentar num cenário de aquecimento. Segundo o IPCC, existe uma probabilidade maior que 66% de que isso aconteça.

O excesso de vapor d'água na atmosfera causado por um mundo mais quente não afeta só a formação de furacões. Todos os eventos meteorológicos extremos são realçados, e o padrão de circulação atmosférica no globo tende a ficar enlouquecido. Mesmo que, em média, a quantidade geral de chuvas não mude, o lugar e a época do ano em que essas chuvas cairão passa a variar muito, virtualmente afogando alguns lugares em dadas épocas do ano e secando outros. Uma conseqüência provável disso é algo que os habitantes da cidade de São Paulo têm sentido na pele: uma mudança na distribuição das chuvas durante o ano. Em São Paulo, os verões têm sido marcados por tempestades cada vez mais fortes e alagamentos. Desnecessário dizer que o sistema de drenagem paulistano não está dimensionado para isso.

Pela mesma moeda, algumas regiões do planeta ficarão mais secas. Entre elas, a África subsaariana e o Mediterrâneo. Não por acaso, esta última tem experimentado incêndios florestais intensos todo verão e ondas de calor como a de 2003, que matou 30 mil pessoas. A probabilidade desse tipo de evento extremo triplica num cenário de aquecimento global.

Além das mudanças na chuva, outros fatores deixarão uma parcela cada vez maior da população mundial – que pode chegar a 3,2 bilhões de pessoas em 2050 – passando sede. O principal deles é o derretimento de geleiras de montanha no mundo inteiro, em especial no Himalaia. Hoje, um sexto da população mundial tira sua água doce de rios alimentados por esse degelo sazonal, que têm secado progressivamente. Muitas bacias hidrográficas nos chamados trópicos secos, em regiões pobres e populosas como a Índia e parte da África, já sofrem falta d'água hoje. A situação deve piorar no futuro.

MAIS POBRES, MAIS FAMINTOS E MAIS DOENTES

A maior injustiça do aquecimento global tem sido repetida pelos governantes do Terceiro Mundo em todas as negociações internacionais de acordos para resolver o problema: os países ricos foram os principais causadores do efeito estufa, ao poluir o planeta durante sua industrialização. Mas são os países pobres que mais sofrerão os impactos da mudança do clima.

Em parte, isso se deve a uma série de infelicidades geográficas: muitas das regiões que terão redução de chuvas e um encolhimento das terras agricultáveis ficam nos trópicos. E os trópicos concentram os países subdesenvolvidos, que dependem da agricultura e da exploração dos recursos naturais para viver. Em grande parte, portanto, é a própria pobreza que determina a intensidade do impacto. O aquecimento, avisa o IPCC, só tende a agravar situações que já são insustentáveis, causadas pelo crescimento urbano desordenado, pela falta de infra-estrutura, pela explosão populacional e pela carência de recursos para adaptação a eventos extremos.

A situação mais grave, claro, é a da África e do Sudeste Asiático, as regiões mais pobres do planeta. Vários países africanos dependem da agricultura irrigada pelas chuvas, que poderá sofrer perdas de 50% já em 2020, segundo o IPCC. A desnutrição, já crônica nessas regiões, ficará ainda mais grave, aumentando por sua vez o impacto de doenças como a Aids e a malária sobre a população (esta última tende a se expandir para cidades onde até então não ocorria, como Nairóbi, no Quênia, alta e fria demais para a proliferação do mosquito *Anopheles*, seu transmissor). Também em 2020, de 75 milhões a 250 milhões de africanos estarão expostos a uma escassez de água aumentada devido à mudança climática. Conflitos como o genocídio de Darfur, no Sudão, provocados pela seca, tendem a se tornar mais intensos e explosivos.

No Sudeste Asiático, inundações deverão aumentar ainda mais o preço cobrado em vidas por doenças como a diarréia e o cólera. O impacto de eventos climáticos extremos sobre cidades em urbanização acelerada, como Bancoc e Jacarta, aumentará o risco de fome e de grandes deslocamentos populacionais. Particularmente delicada é a situação dos megadeltas asiáticos, como o do rio Ganges e o do rio Mekong, áreas intensamente povoadas e cultivadas. Neste último, uma área de 100 mil hectares deve ficar imprestável para a agricultura com uma elevação de 1 metro no nível do mar.

O prognóstico do IPCC é algo que nenhum governante gostaria de ter ouvido: todo o planejamento urbano, toda a produção de comida, todo o sistema de saúde e todas as ações de defesa civil precisarão ser repensadas, especialmente no Terceiro Mundo, e redimensionadas de modo a incluir o gargalo adicional da mudança climática. Boa parte dos impactos é inevitável; a única coisa que resta ao mundo é se adaptar a eles.

Isso tudo, é claro, tem um custo, que os países pobres não podem e não devem pagar sozinhos – sob pena de permanecerem indefinidamente subdesenvolvidos. E é aqui, na repartição dos prejuízos econômicos, que está o grande problema, como veremos adiante.

4. BRASIL: CARRASCO E VÍTIMA

Tá rebocado meu compadre
Como os donos do mundo piraram
Eles já são carrascos e vítimas
Do próprio mecanismo que criaram
Raul Seixas

"Carrasco e vítima" talvez seja a melhor definição para o papel do Brasil no xadrez climático global. Apesar de subdesenvolvido, o país é o quinto maior emissor de gases-estufa do planeta. E, como todo país subdesenvolvido, sentirá de forma desproporcionalmente alta os impactos da mudança climática ao longo do século 21 e além.

Cerca de 75% do um bilhão de toneladas de gás carbônico emitidas pelo Brasil todos os anos vêm de mudanças no uso da terra. Em português mais claro: desmatamento. E quase todo o desmatamento se concentra na Amazônia. A maior floresta tropical do planeta já perdeu 600 mil quilômetros quadrados (15% de sua área) para lavouras, pastos e cidades. Até o ano 2100, poderá perder aproximadamente 20% para o aquecimento global, num fenômeno conhecido como *savanização*.

A hipótese de savanização foi desenvolvida em 2003 pelos pesquisadores Marcos Oyama e Carlos Nobre, do Instituto Nacional de Pesquisas Espaciais (Inpe). Eles criaram um modelo de vegetação potencial que, inserido no modelo climático do Inpe, estimava o efeito do aumento da temperatura sobre o tipo de vegetação nos vários biomas brasileiros (Amazônia, cerrado, mata atlântica, Pantanal, pampas e caatinga). O modelo prevê que, com 3ºC de aquecimento, uma porção da floresta amazônica fica seca demais para poder sustentar o tipo de vegetação que comporta hoje, com grandes árvores de folhas largas. Onde há uma exuberante mata pluvial passará a crescer uma espécie de savana (cerrado) empobrecida.

Uma vez que o efeito se instala, ele pode virar um dominó, arrastando boa parte da Amazônia. Isso porque uma parte signficativa das chuvas na região Norte do país é gerada na própria floresta, pela evaporação da água no solo e, sobretudo, pela transpiração das árvores, propagando-se no sentido nordeste-sudeste como num jogo infantil de passa-anel. Uma vez que a parte central-leste da floresta (que já é naturalmente mais seca) se savaniza, a cadeia de reciclagem de chuvas se interrompe, savanizando uma área ainda maior. Nas palavras de Nobre, cria-se um "novo estado de equilíbrio" entre clima e vegetação, no qual é impossível voltar ao estado anterior. Ou seja, uma vez transformada em savana, a floresta nunca mais voltará a ser floresta.

Isso já seria uma catástrofe para a biodiversidade e motivo mais do que suficiente para tentar evitar que o aquecimento de 3ºC aconteça. Mas há mais detalhes nesta história: o ciclo de chuvas na Amazônia determina também o transporte de umidade para as regiões Sul, Sudeste e Centro-Oeste. Com a floresta modificada, o restante do Brasil ficaria automaticamente mais seco, e os rios que fornecem água e geram energia para a maior parte da população nacional teriam seu fluxo comprometido, especialmente na região Sul e na bacia do rio da Prata. Savanização, portanto, rima com apagão. Um bom motivo para qualquer empresário paulista se preocupar com a floresta, muito além de plantinhas e bichinhos.

As contas originais de Oyama e Nobre identificaram a temperatura mínima para disparar o fenômeno, mas não estimaram qual seria a probabilidade de isso acontecer de fato – o objetivo não era fazer uma previsão do clima e sim detectar mudanças nos biomas. Um grande estudo liderado por José Marengo, também do Inpe, cuidou da projeção.[21] Marengo cruzou dados de vários modelos climáticos usados pelo IPCC com modelos regionais de alta resolução desenvolvidos pelo próprio Inpe e pela USP para projetar mudanças do clima na América do Sul até o fim do século [21]. Ele chegou a conclusões assustadoras: a temperatura na Amazônia poderá crescer de 3°C a 5,3°C (bem mais que a média nacional) até o fim do século, com uma elevação de inacreditáveis 8°C no pior cenário. Isso sem contar o desmatamento, que em si mesmo também tem o poder de causar savanização, aquecendo o leste amazônico em até 4°C.[22]

O mesmo estudo estimou ainda temperaturas para o Nordeste, o Pantanal e a bacia do rio da Prata. Dentre todas essas regiões, a elevação mínima de temperatura dada pelos modelos em 2100 é de 2,2°C. Nesse cenário, além de a Amazônia virar cerrado, a caatinga desapareceria, transformando o semi-árido nordestino em um deserto.

---

[21] *Op. cit.* (nota 19).

SÃO PAULO DA BORRACHA

Ao longo dos últimos cinqüenta anos, o Inpe já verificou que o Brasil esquentou mais do que a média mundial no século 20. As temperaturas máximas anuais no país subiram 0,7°C somente nesse último meio século, enquanto o aquecimento durante o inverno chegou até 1°C. O número de noites quentes no ano subiu de 5% no começo do século 20 para 35% no começo do 21. O de dias frios caiu de 25% a 30% na década de 1970 para 5% a 10% entre 2001 e 2002. "É comum ouvir das pessoas com mais de cinqüenta anos, especialmente no Sul e no Sudeste, a observação de que não faz mais frio como antigamente. Essa percepção é correta", escreveram Nobre e Marengo.[23]

Tudo isso já tem impacto sobre um dos carros-chefes da economia nacional, a agricultura no Estado de São Paulo. Um estudo desenvolvido em conjunto por Eduardo Assad, da Empresa Brasileira de Pesquisa Agropecuária (Embrapa) e Hilton Pinto, da Universidade Estadual de Campinas, mostrou que o café, que fez de São Paulo o estado mais rico do país no século passado, está sumindo aos poucos, cedendo lugar para uma forasteira insuspeita: a seringueira, nativa da quente Amazônia.[24] Para florescer, o café precisa de um clima quente, mas não muito: não pode haver mais do que cinco dias com temperaturas superiores a 34°C durante a época da floração, no outono. Sem esses pudores climáticos, a seringueira tende a prosperar. Em 1990, a

---

[22] Gilvan Sampaio *et al.*, "Regional Climate Change Over Eastern Amazonia Caused by Pasture and Soybean Cropland Expansion". *Geophysical Research Letters*, n.º 34, L17709, 2007.

[23] *Folha de S.Paulo*, 3/2/2007.

[24] Estudo inédito, citado em *Folha de S.Paulo*, 3/2/2007.

região de São José do Rio Preto, fronteira da cafeicultura paulista, tinha 2,3 mil hectares cultivados com borracha. Em 2005, essa área havia crescido dez vezes.

Dos computadores de Pinto e Assad brotam os novos mapas da agricultura brasileira. Para o café, um aumento de 5,8°C na temperatura (o cenário pessimista das previsões do Inpe) significa uma redução de 92% da área apta para o plantio em São Paulo, Minas Gerais e Paraná – praticamente os únicos Estados que cultivam o grão. A cafeicultura migraria para o Rio Grande do Sul, o Uruguai e a Argentina. Uma elevação de meros 3°C já significaria, para essa cultura, um prejuízo de R$ 2 bilhões.

Ainda mais emblemático – e problemático – é o caso da soja, menina dos olhos da agricultura nacional, que só em 2005 contribuiu com US$ 8,7 bilhões para a balança comercial brasileira.[25] A planta se dá bem em uma faixa extensa de terras no Brasil, que vai do Rio Grande do Sul ao Amapá, passando por Goiás, parte de Minas, Mato Grosso do Sul, Mato Grosso, Rondônia e Pará. No pior cenário de elevação de temperatura, com a redução das chuvas das quais o grão tanto necessita, ela se torna viável apenas em um pedaço da Amazônia e do Paraná. No Rio Grande do Sul, onde seu cultivo começou, ela desaparece por completo.

VERÕES NO INFERNO

Além de mais pobre devido ao colapso das monoculturas, um Brasil mais quente deve certamente ver

---

[25] Fatima Cardoso, *Efeito Estufa – Por Que a Terra Morre de Calor*. São Paulo: Mostarda/Terceiro Nome, 2006.

realçados problemas que já existem: desde os deslizamentos de terra que matam gente todo verão em cidades como Belo Horizonte e Salvador até as doenças infecciosas que também sazonalmente atormentam os brasileiros, como a dengue e a leptospirose. Isso devido, primeiro, à alteração na distribuição das chuvas durante o ano (ver Capítulo 3), que tende a concentrar as chuvas em forma de grandes tempestades de verão. Apesar de não haver uma boa previsão do comportamento das chuvas no futuro no Sudeste, a tendência é Rio, São Paulo e Belo Horizonte assistirem a chuvas cada vez mais extremas no verão, como já vem acontecendo, e a dias mais quentes.

A distância cada vez menor entre as temperaturas mínimas e as máximas, e entre verão e inverno, favorece a proliferação de insetos, que dependem do calor para chocarem seus ovos. Um deles é o *Aedes aegypti*, o mosquito transmissor da dengue e da febre amarela. Outro é o *Culex*, transmissor da leishmaniose. Segundo Ulisses Confalonieri, pesquisador da Fundação Oswaldo Cruz que estuda o impacto da mudança climática na saúde do brasileiro, o ciclo anual dessas doenças deve se estender para além do verão, embora dificilmente haja migração para novas áreas. A malária, por exemplo, deve continuar restrita à região Norte, já que a urbanização no passado a eliminou das metrópoles do Sudeste. O mesmo, em tese, vale para a febre amarela. Doenças facilitadas por enchentes, como leptospirose e diarréia, no entanto, tendem a aumentar nas zonas urbanas.

Por fim, a maior das mazelas das grandes cidades brasileiras – a miséria urbana, que freqüentemente vem acompanhada de violência – tende a crescer. Ao secar ainda mais o semi-árido, o aquecimento poderá comprometer a já frágil produção de alimentos na região, gerando, segundo o estudo do Inpe, "ondas de refugiados do clima e grandes movimentos migratórios para as grandes cidades da região ou para outras regiões, agravando os problemas sociais já presentes nas grandes cidades."[26]

POLUINDO SEM ENRIQUECER

Depois de conhecer mais a fundo a face vítima do Brasil, diante das mudanças climáticas, cabe aqui uma nota sobre o lado carrasco. Esse lado é de uma peculiaridade infeliz, porque o Brasil provavelmente é o único dos grandes emissores mundiais de CO_2 em que poluição não tem sido sinônimo de crescimento econômico.

Na Europa, nos Estados Unidos e no Japão, a explosão nas emissões durante o século 20 resultou, como vimos, da industrialização e do consumo de combustíveis fósseis, em especial o carvão, na geração de energia. Grandes emissores do Terceiro Mundo, como a Índia e a China, em industrialização acelerada, também têm consumido mais carvão, com reflexos positivos no crescimento econômico.

O Brasil, por outro lado, alcançou a posição de um dos países mais industrializados do mundo em desenvolvimento sem precisar emitir o quanto emitiram as outras nações industriais. O segredo disso está na geografia: cortado por algumas das maiores bacias hidrográficas do mundo e repleto de planaltos que propiciam quedas d'água generosas, o país tem provavelmente o maior potencial do planeta para a geração de energia hidrelétrica. Apesar de terem impactos am-

---

[26] Marengo *et al.*, *op. cit.* (nota 19).

bientais imensos e de emitirem também gases-estufa (ver Capítulo 5), as hidrelétricas são uma forma de energia relativamente limpa, que responde por 80% da matriz energética brasileira.

Na década de 1970, a crise do petróleo fez o governo militar investir no desenvolvimento de uma tecnologia que três décadas depois viria a se transformar em uma das maiores promessas de mitigação do problema das emissões no setor de transporte: o motor a álcool combustível. Segundo uma estimativa citada com freqüência, o Proálcool, desde 1975, já ajudou o Brasil a reduzir suas emissões em mais de 600 milhões de toneladas – sem gastar nenhum centavo.

Todas essas vantagens comparativas, no entanto, caem por terra diante das cifras de desmatamento da Amazônia: ao redor de 15 mil quilômetros quadrados de floresta (o patamar já esteve na casa dos 20 mil no começo do governo Lula) tombam todos os anos para dar lugar, na maioria das vezes, a pastagens pouco produtivas ou a lavouras de soja, milho e arroz. No caminho, emitem 720 milhões de toneladas de gás carbônico, ou 200 milhões de toneladas de carbono. Pelo menos metade desse desmatamento é ilegal: são grileiros, que ao tomar posse ilicitamente de terras públicas, desmatam grandes áreas de forma meramente especulativa, sem produzir nada; são grandes fazendeiros, que teimam em descumprir a legislação ambiental e, contando com a impunidade, desmatam além do permitido em suas propriedades; são assentados de reforma agrária e pequenos produtores, que fazem o mesmo. Somados, eles colocam o país numa situação que seria ridícula se não fosse trágica: 100 milhões de toneladas de carbono, mais do que todas as indústrias, todo o setor energético e todos os transportes brasileiros emitem, vão parar na atmosfera simplesmente por ação criminosa.

As 100 milhões de toneladas restantes têm uma relação pouco significativa com o crescimento econômico do país. Mesmo que o agronegócio responda por um terço da balança comercial, o seu quinhão amazônico concentra renda, emprega pouco e produz quase nada por hectare: em muitas regiões de pasto (que já foi mata) correspondente a um campo de futebol comporta 0,5 boi. Para criar um boi nessas condições, emite-se via desmatamento o mesmo que 160 carros a gasolina emitem em um ano, segundo as contas do economista Carlos Eduardo Young, da Universidade Federal do Rio de Janeiro. Em São Paulo, esse número é de 3 cabeças, no mínimo. A Amazônia representa apenas 8% do PIB nacional; e em 2004 apenas 21% da população economicamente ativa na região tinha emprego – a maioria, no serviço público. Por onde quer que se o tome, o desmatamento é um mau negócio para o país. E para o planeta.

5. MUDANÇA DE ARES: A LUTA PARA SALVAR UM PLANETA

O Protocolo de Kyoto tem defeitos incorrigíveis
George W. Bush

Quando declarou, em março de 2001, que os EUA estavam fora do Protocolo de Kyoto, o presidente George W. Bush achou que estivesse enterrando o único acordo mundial já produzido para lidar com o problema das emissões de gases-estufa. Os EUA, afinal, respondem sozinhos por cerca de 25% das descargas globais de CO_2 na atmosfera. Sem sua participação, Kyoto seria letra morta.

Do ponto de vista climático, o pacto assinado no âmbito da ONU realmente foi amputado sem os Estados Unidos. Afinal, as próprias metas acordadas em 1997 entre 180 países, quando o tratado foi constituído, já eram pífias: as nações industrializadas, agrupadas no chamado Anexo 1, precisavam reduzir suas emissões de seis gases-estufa (CO_2, CH_4, N_2O, SF_6, PFC_5 e HFC_5) em 5,2%, em média, abaixo dos níveis de 1990. O prazo para fazê-lo seria de 2008 a 2012 – quando, seguindo o ritmo normal de suas economias, todos eles teriam aumentado brutalmente seu consumo de combustíveis fósseis. Os EUA representavam 36% das emissões do Anexo 1; portanto, a assinatura de Bush era vital para que as reduções almejadas por Kyoto representassem alguma coisa para a atmosfera.

Do ponto de vista político, no entanto, o tiro do "Texano Tóxico", como Bush foi apelidado, saiu pela culatra: os países europeus e o Japão, que até então vinham se engalfinhando por detalhes nas negociações do acordo, uniram-se em armas de forma inédita para levar Kyoto adiante. No dia 16 de fevereiro de 2005, após oito anos de *lobbies* intensos, idas e vindas, chantagens e concessões de todo tipo, o acordo entrou em vigor.

O tratado do clima representa a face legal de um outro acordo, do qual até os EUA são signatários: a Convenção-Quadro das Nações Unidas sobre Mudança Climática (UNFCCC, na sigla em inglês). Foi a Convenção do Clima, assinada em 1992 no Rio de Janeiro, o primeiro sinal político de que todas as nações do planeta reconheciam a mudança climática como um problema e que era preciso fazer alguma coisa a respeito se se quisesse evitar o que o texto da convenção chama de "interferência perigosa" da humanidade no clima. Pela UNFCCC, todos os países se comprometeram a trabalhar para amenizar os efeitos – vários deles considerados inevitáveis já naquela época – do aquecimento global, reduzindo suas emissões de gases-estufa. O que Kyoto fez foi colocar metas e prazos nos compromissos vagos da convenção.

Ao pular fora de Kyoto com a folclórica frase "primeiro as prioridades", referindo-se à economia dos EUA, Bush Jr. não estava criando nada de novo; apenas imitava, amplificando-a, a atitude do próprio pai. A rejeição a compromissos de redução de emissões (disfarçada de uma rejeição à própria ciência da mudança climática) era uma velha tendência no cenário político americano. Com uma economia ancorada no petróleo e um setor energético movido a carvão, os políticos dos EUA, especialmente no Partido Republicano, sempre tiveram plena consciência de que setores importantes para o PIB seriam prejudicados pela reestruturação econômica imposta por medidas de redução de emissões. O argumento era o de que aceitar compromissos implicava em perda de competitividade internacional para os produtos americanos. A linguagem aguada da Convenção do Clima foi uma concessão feita pelas Nações Unidas a George Bush, o pai, para garantir a adesão dos EUA.

Antes mesmo que o vice-presidente ambientalista (e democrata) Al Gore assinasse Kyoto, em 1998, o Senado americano já havia declarado que não ratificaria o acordo, ou seja, não o transformaria em lei doméstica. O próprio Gore, em entrevista recente,[27] disse que provavelmente não teria conseguido ratificar o protocolo caso tivesse levado a Casa Branca na eleição de 2000, que perdeu para Bush filho.

Na Europa Ocidental, como lembra o diplomata André Corrêa do Lago, a transição para uma matriz energética mais limpa e para um uso eficiente da energia estava em curso desde a crise do petróleo dos anos 70.[28] Sem produção doméstica relevante de petróleo, com uma opinião pública mobilizada contra a poluição atmosférica e com partidos verdes atuantes, que obrigaram a legislações ambientais mais estritas, os

---

[27] *Folha de S.Paulo*, 18/10/2006.
[28] "Negociações Internacionais Sobre a Mudança do Clima – Parte 1A – As Negociações Internacionais Ambientais no Âmbito das Nações Unidas e a Posição Brasileira." *Cadernos NAE 03 – Mudança do Clima*, vol. 1. Brasília: Núcleo de Assuntos Estratégicos da Presidência da República, 2005.

europeus tinham uma margem de manobra bem menor que a dos EUA para esbanjar energia, e apostaram em usinas nucleares (que não emitem gás carbônico), motores mais eficientes e economia para impulsionar sua indústria. Para eles, o prejuízo econômico no curto prazo de aderir a Kyoto seria menor, e o ganho de mercados a médio para a tecnologia limpa *made in Europe*, muito maior.

Além disso, nações como a Holanda, localizadas abaixo ou pouco acima do nível do mar, têm razões de sobrevivência para querer evitar a crise do clima. Não foi por heroísmo, portanto, que os europeus salvaram Kyoto: foi principalmente por senso de oportunidade econômica.

A PROFECIA DE GANDHI

Abandonar o vício da economia global nos combustíveis fósseis no prazo que a estabilização do clima exige será o maior desafio que a humanidade já precisou enfrentar coletivamente. E terá custos significativos num primeiro momento para vários setores da economia.

Os números falam por si: o consumo de petróleo no mundo cresceu de 470 milhões de toneladas em 1950 para 3,7 bilhões em 2004 – um aumento de quase 800%. As emissões dos seis gases-estufa, que deveriam ter caído segundo a Convenção e Kyoto, subiram 24% só entre 1990 e 2004. Apesar de a chamada intensidade energética, ou seja, o total de carbono emitido por dólar gerado na economia, ter caído 33% desde a década de 1970, o aumento de 69% na população mundial e de 77% na riqueza mais do que compensou isso, aumentando as emissões.

Esses dados realmente querem dizer que há cada vez mais seres humanos por aí, e cada vez mais seres humanos, especialmente nos países do Terceiro Mundo, atingindo padrões de consumo do Primeiro Mundo. Nesse contexto, é de uma presciência arrepiante a frase de Mahatma Gandhi: "Não permita Deus que a Índia siga o modelo de industrialização do Ocidente. A Grã-Bretanha consumiu a metade dos recursos do planeta para alcançar este grau de prosperidade. De quantos planetas um país como a Índia precisará?"[29]

A profecia de Gandhi vem se realizando com celeridade irrefreável: os países pobres seguem tanto o padrão de produção quanto o de consumo das nações industrializadas. A previsão do *World Energy Outlook* é que a demanda mundial por energia cresça pelo menos 50% até 2030, com os combustíveis fósseis respondendo ainda por mais de 80% dela.[30] Segundo o IPCC, as emissões de gases-estufa resultantes deverão crescer no período entre 40% e 110%, dependendo do cenário analisado.[31] E até três quartos desse aumento virão justamente do Terceiro Mundo, em especial da China e da Índia.

Com 1,3 bilhão de habitantes, a China já passou o Japão como segundo maior consumidor de petróleo do planeta e, em 2006, segundo um relatório do governo holandês, passou os EUA como maior emissor de CO_2 do planeta. A produção nacional de automóveis daquele país saltou de 350 mil ao ano em 1995 para 2,6 milhões apenas uma década depois, segundo o Worldwatch Institute. As más notícias não

---

[29] Idem.
[30] www.iea.org
[31] IPCC, *AR4* – Grupo de Trabalho 3, Mitigação da Mudança Climática, Sumário Executivo.

param por aí: metade do aumento na demanda mundial por energia vem da geração de eletricidade – e praticamente toda a geração de eletricidade na China e na Índia é feita com termelétricas a carvão mineral. Como é o combustível fóssil mais barato e abundante, o carvão, que é também o mais sujo, só faz crescer.

HIPOCRISIA DE RICO

Os congressistas americanos e os presidentes Bush *senior* e Bush Jr. têm usado dados como esses para sustentar a tese de que os EUA só devem dar um passo adiante na redução de emissões de gases-estufa depois que a China e a Índia se mexerem nesse sentido. Como todos os outros países em desenvolvimento, os dois foram desobrigados de aceitar metas obrigatórias de redução na primeira fase (2008 a 2012) do Protocolo de Kyoto, em nome do chamado princípio das responsabilidades comuns, mas diferenciadas: os ricos têm maior responsabilidade sobre o problema, portanto é justo que façam mais para resolvê-lo.

O argumento do congresso americano contra esse princípio é de um grau de cinismo que deveria dar vergonha: os EUA, afinal, abrigam 5% da população mundial e consomem 25% do petróleo. As emissões de carbono *per capita* nos países do Anexo 1, que abrigam menos de 20% da população mundial, são de 16 toneladas de CO_2 equivalente (ou seja, a média das emissões de todos os gases-estufa convertidas em gás carbônico) ao ano. Nos países pobres, elas não chegam a 5 toneladas ao ano. Um americano médio emite cinco vezes mais CO_2 do que um chinês.

É para manter esse consumo alto, e o fluxo de petróleo barato para a economia, que os Estados Unidos movimentam o xadrez geopolítico mundial, invadindo países como o Iraque à revelia das Nações Unidas e sem nenhuma justificativa real. É por causa da sede de petróleo do Ocidente que o mundo assiste ao esfacelamento do Oriente Médio, principal região produtora de óleo do planeta. O resultado é ruim para muita gente, mas bom para os cidadãos americanos (que podem rodar à vontade em suas picapes extremamente ineficientes, de alto consumo de gasolina). E bom para as empresas americanas que fornecem a gasolina para esses cidadãos: em fevereiro de 2007, na véspera da divulgação do relatório do IPCC, a texana Exxon, a maior petrolífera do planeta, anunciou o maior lucro de toda a história do capitalismo: 39,5 *bilhões* de dólares. A mesma Exxon, nos meses anteriores, vinha subornando cientistas americanos para desacreditar as conclusões do painel do clima. Influente em Washington, foi também a Exxon que em 2002 fez a Casa Branca demitir da presidência do IPCC o físico Robert Watson, conhecido por sua defesa eloqüente da redução das emissões.

Além da clara desproporção no consumo de combustíveis fósseis entre o Primeiro e o Terceiro mundos, o argumento dos americanos para não fazer nada enquanto os pobres não se comprometerem a agir esbarra na questão das responsabilidades históricas, que pode ser resumida grosseiramente da seguinte forma: foram 150 anos de industrialização nos países do Anexo 1 contra 50 anos nos países hoje em desenvolvimento. O saldo acumulado de todo o gás carbônico que eles lançaram na atmosfera – parte do qual ainda hoje esquenta o globo – suplanta, em muito, as emissões resultantes da aceleração econômica do Terceiro Mundo.

Essa balança começou a pender no fim do século 18, quando o britânico James Watt aperfeiçoou uma máquina inventada anos antes por Thomas Newcomen que queimava carvão para produzir vapor e mover um pistão. Iniciava-se ali a Revolução Industrial, e o carvão estava destinado a suplantar em poucas décadas aquele que havia sido o principal combustível da humanidade desde 750 mil anos atrás: a madeira. Em 1850, a queima de madeira ainda respondia por quase 90% da energia mundial (às expensas das florestas européias e norte-americanas e também da mata atlântica); em 1890, a proporção já era 50% para a madeira e 50% para o carvão. Em 1910, o carvão já respondia por 60% na energia global,[32] sendo finalmente suplantado pelo petróleo nos anos 1960. No fim do século 20, um combustível que sempre fora desperdiçado como subproduto da exploração de petróleo, o gás natural, ascendeu à tríade, e hoje responde por pouco mais de 20% da energia global.

Existe um dado positivo nesse cenário, que é a progressiva "descarbonização" da energia: da madeira para o carvão, do carvão para o petróleo e do petróleo para o gás natural, o número de moléculas de CO_2 produzidas na queima diminui, enquanto o total de energia fornecida cresce. O gás natural (composto principalmente de metano, ou CH_4), por ter apenas um átomo de carbono e quatro de hidrogênio, é um combustível fóssil muito mais limpo que o petróleo, e sua adoção pode e deve ser estimulada nos setores de transporte e de geração de eletricidade. Essa transição tem acontecido naturalmente, segundo as próprias regras da economia de mercado.

---

[32] Seth Dunn, "Descarbonizando a Economia Energética". Em: Worldwatch Institute, *Estado do Mundo 2001*. Salvador: UMA Editora, 2001.

A CONTA DA ESTABILIZAÇÃO

No entanto, o ritmo de descarbonização que o planeta exige é muito mais rápido do que a economia naturalmente tem proporcionado. Segundo o IPCC, se a humanidade quiser evitar os piores efeitos da mudança climática – expressos no aumento acima de 2°C na temperatura média do planeta em função de uma quantidade de CO_2 na atmosfera duplicada em relação à era pré-industrial –, as emissões precisarão atingir seu pico em 2020, passando a declinar após esse período. Uma estabilização das concentrações de carbono dentro de uma margem segura exigiria uma redução da ordem de 50% a 80% das emissões até o meio deste século. A "mão invisível" do mercado jamais produziria um corte dessa ordem de magnitude.

A primeira pergunta que vem à cabeça diante desse cenário é quanto vai custar salvar o planeta, e quem paga essa conta. Segundo o IPCC, o cenário mais radical de estabilização (segurar os níveis de CO_2 em 445 a 535 ppm) provocará, em 2030, uma redução de algo entre 2% e 3% do PIB mundial. A média anual de redução do crescimento do PIB será de 0,12 pontos percentuais. Estamos falando de centenas de bilhões de dólares de custo, que obviamente não serão igualmente distribuídos pela economia ou pelas nações. Setores como o de energia e o de transportes, mais intensivos em carbono, tendem a ser os mais prejudicados, bem como as nações mais intensivas em carbono.

E quanto custa não fazer nada? Esse cálculo foi feito por uma equipe chefiada por Sir Nicholas Stern, economista-chefe do Reino Unido, e apresentado em 2006 na forma de um relatório que mudou a forma dos economistas verem o clima. Segundo o relatório

Stern, os custos ao planeta em termos de quebras de safra, internações hospitalares, perda de biodiversidade, escassez de água, mortes e danos à infra-estrutura decorrentes de eventos climáticos extremos poderiam chegar a 20% do PIB mundial em 2100. Os dados estão aí. Cabe aos governos e à sociedade global decidirem qual dos dois cheques assinar.

UMA NOVA COMMODITY

Felizmente, a economia global é diversificada o suficiente para que o mundo possa atingir essa meta de estabilização, pelo menos em teoria, e assinar o primeiro cheque em vez do segundo. O próprio acordo de Kyoto ajuda a suavizar os custos do corte de emissões, ao prever a criação de uma nova *commodity*: o carbono.

O protocolo criou os chamados "mecanismos de flexibilização", partindo de uma idéia implementada com sucesso nos EUA nos anos 1970 para reduzir as emissões de enxofre de termelétricas: um "teto" de emissões era estabelecido pelo governo, e usinas que conseguissem reduzir as próprias emissões a um custo baixo ganhavam o direito de vender "créditos" de poluição às que não conseguissem fazê-lo no prazo estabelecido. Esse sistema, conhecido pelos especialistas como *cap-and-trade* (literalmente, "limite e comercialize", em inglês), foi o grande responsável pela brutal redução na poluição do ar nas cidades americanas e da chuva ácida nas últimas décadas.

Os artífices do acordo de Kyoto concluíram que ele poderia ser adaptado ao gás carbônico: nações desenvolvidas que conseguissem reduzir suas emissões abaixo de um certo patamar em determinados setores poderiam vender créditos de carbono, ou direitos de poluição, a quem tivesse metas ainda a cumprir. Esses créditos hoje são papéis negociados em bolsas de valores.

Por Kyoto, só os países do Anexo 1 têm metas obrigatórias de redução de emissões; portanto, toda a demanda pelos créditos de carbono vem deles (outro problema causado pela saída dos EUA do acordo é que, sem o principal cliente, o preço da tonelada de carbono acaba diminuindo, pela lei da oferta e da procura, e o mercado global dessa *commodity* fica restrito).

Há dois mecanismos de flexibilização para essas nações. Um é o comércio de emissões puro e simples. Nele, os créditos são gerados principalmente por reduções nos setores energético e de indústrias de base, que emitem muito carbono. O outro é a chamada implementação conjunta, na qual um país do Anexo 1 ganha créditos ao investir em projetos que reduzam emissões em um outro país do Anexo 1.

Mas há um terceiro mecanismo em Kyoto que tende a crescer em importância à medida que crescem as emissões dos países pobres: o chamado Mecanismo de Desenvolvimento Limpo (MDL). A idéia central do MDL é que os países ricos, cujo modelo de desenvolvimento foi o principal responsável pelo aquecimento global, evitem que a profecia de Gandhi se cumpra devido ao crescimento dos países pobres. Como é muito mais caro reduzir emissões em países desenvolvidos do que em países em desenvolvimento, os últimos podem oferecer créditos de carbono aos primeiros por um conjunto de ações que garantam essa redução. Em vez de, digamos, a Holanda desligar uma termelétrica a um custo alto para cortar X toneladas de carbono de sua meta de redução, ela pode comprar créditos gerados na China pela modernização de uma termelétrica antiga e ineficiente, por exemplo. Ou do Brasil por um projeto que capture o gás metano produzido num aterro sanitário e o queime para gerar energia, produzindo CO_2. Como o metano é um gás-estufa 21 vezes mais potente que o CO_2, cada tonelada de metano que deixa de ir para o ar corresponde a 21 toneladas de CO_2 reduzidas na atmosfera. Esses créditos são calculados e emitidos em toneladas equivalentes de CO_2. O gás carbônico é uma espécie de "moeda comum" dessas transações, na qual reduções de outros gases devem ser convertidas.

O MDL surgiu na reunião de Kyoto, em 1997, por uma iniciativa brasileira. A proposta inicial era a de um fundo de desenvolvimento limpo, que seria criado com dinheiro dos países ricos para custear projetos de energia limpa nos países pobres. Os EUA, no entanto, não gostaram da idéia de um fundo e a adaptaram para o formato que o mecanismo tem hoje. No primeiro período de compromisso de Kyoto, a fatia de reduções que podem ser feitas via MDL é cerca de 400 milhões de toneladas de carbono. Considerando o preço médio de US$ 10 para cada tonelada de carbono abatida, e quatro anos do período de compromisso de Kyoto (2008 a 2012), o MDL, num primeiro momento, pode gerar um mercado de US$1 bilhão por ano para os países subdesenvolvidos. A parte do leão fica, no entanto, para China e Índia, que têm a matriz energética mais suja.

O DEVER DE CASA E A SEGUNDA LEI DA TERMODINÂMICA

Os mecanismos de flexibilização, no entanto, têm limites. Não dá para um país rico comprar um passe livre para poluir ao continuar, digamos, investindo eternamente em MDL sem fazer a própria lição de casa e reduzir suas emissões domésticas. Apesar de Kyoto tornar a conta da mitigação do clima menos salgada, ela ainda precisa ser paga. E isso só pode ser obtido por uma revolução completa na geração e no uso de energia por parte da humanidade.

A grande aspiração é livrar o planeta dos combustíveis fósseis de vez e usar apenas energias que não poluam e que não esgotem os recursos naturais. Entre as chamadas energias renováveis estão a fotovoltaica, na qual a luz solar é coletada por placas especiais de silício para gerar eletricidade, e a eólica, que se vale do antiqüíssimo princípio do catavento. Ambas realizam o sonho de produzir eletricidade a partir de fatores que não se esgotam nunca (vento e luz solar) e sem emitir nenhum carbono. Outras fontes, como a hidrelétrica, a geotérmica (o aproveitamento do calor do fundo da Terra) e a nuclear têm sido propostas como alternativas. O hidrogênio e os biocombustíveis, como o álcool etílico, que movimenta carros em todo o Brasil (e possivelmente o seu), também aparecem entre as opções possíveis de gradual substituição do petróleo e seus parentes. Cada uma dessas fontes tem seus atrativos, suas limitações e seus problemas.

A primeira coisa que é preciso entender quando se discute alternativas aos combustíveis fósseis é que o uso de energia pela humanidade esbarra em uma lei irrevogável: a Segunda Lei da Termodinâmica. Essa lei da física postula que o grau de desorganização (ou entropia) de um sistema só aumenta em função do tempo, o que significa, nas palavras do cientista britânico James Lovelock, que "não é possível consumir energia para nenhum propósito, bom ou ruim, sem corrompê-la".[33] Quanto maior o uso de energia, mais bagunça a humanidade adiciona ao sistema global, simplesmente porque está transformando algo (sejam compostos químicos, luz ou vento) em trabalho em função do tempo.

A energia solar funciona bem hoje em aplicações pontuais, como impulsionar satélites. Mas, para gerar energia elétrica, ainda há uma longa estrada pela frente. O que se consegue converter de luz em eletricidade é irrisório (devido à Segunda Lei): conversores fotovoltaicos considerados eficientes convertem no máximo 16% da luz em energia (em laboratórios há conversores com mais que o dobro de eficiência, mas seus custos são proibitivos para aplicação em larga escala). Além disso, apesar de trinta anos de desenvolvimento tecnológico, ainda são cinco vezes mais caros que os combustíveis fósseis. Só funcionam quando há luz solar disponível (não se pode contar com eles à noite e em altas latitudes, onde há pouca luz, especialmente no inverno) e a armazenagem da energia produzida por eles é complexa e cara. Além disso, placas solares ocupam uma área muito grande para pouca energia gerada.

A energia eólica é, de longe, a mais promissora das alternativas. Ela já responde por 10% da eletricidade na Alemanha, país que iniciou uma ofensiva para vender catavento *high-tech* para o mundo todo. Moinhos de vento gigantes que produzem eletricidade limpa e sustentável já são uma realidade da

---

[33] James Lovelock, *A Vingança de Gaia*. Rio de Janeiro: Intrínseca, 2006.

Califórnia à Dinamarca. Ao redor de 1% da eletricidade do mundo já vem dessa fonte.

O principal problema das usinas a vento é, obviamente, o próprio vento. Não é qualquer lugar que reúne as condições meteorológicas ideais para abrigar turbinas eólicas, e, como acontece com a energia solar, não dá para confiar muito na constância do suprimento – que fica no caso eólico, literalmente, ao sabor dos ventos.

Outro problema foi levantado pelos moradores de Cape Cod, no estado norte-americano de Massachusetts, numa ação movida em 2003 contra a instalação de turbinas eólicas no litoral daquela região, um conhecido centro de veraneio do nordeste do país: as turbinas são feias. E fazem barulho. Sustentável sim – mas no quintal de outrem.

Usinas hidrelétricas, como as que fornecem a maior parte da eletricidade ao Brasil, têm sido erroneamente consideradas fontes limpas. Apesar de seu princípio (a queda d'água movimenta uma turbina, que gera eletricidade) não emitir carbono, a construção de barragens para grandes usinas geralmente alaga áreas enormes e repletas de vegetação. Essa matéria orgânica apodrece debaixo d'água, emitindo grandes quantidades de metano e gás carbônico. Um estudo de caso feito por Philip Fearnside, do Instituto Nacional de Pesquisas da Amazônia (Inpa), por exemplo, mostrou que a hidrelétrica de Samuel, em Rondônia, emitiu nas suas duas primeiras décadas de funcionamento mais CO_2 do que uma termelétrica a óleo de potência equivalente.[34]

Além disso, hidrelétricas são uma opção para poucos países, que têm cachoeiras e rios caudalosos. E cau-

---

[34] "Brazil's Samuel Dam: Lessons for Hydroelectric Development Policy and the Environment in Amazonia." *Environmental Management*, vol. 34, n.º 1, jan. 2005.

sam outros impactos, como danos à fauna, à paisagem e, no caso da Amazônia, indiretamente, desmatamento. Também têm custos elevados de engenharia civil, só factíveis porque subsidiados pelos governos. As usinas de Santo Antônio e Jirau, no rio Madeira, por exemplo, custarão juntas R$ 20 bilhões. Isso sem contar as linhas de transmissão para jogar a eletricidade gerada por elas na rede nacional. Defensores das energias renováveis argumentam, com razão, que se os subsídios dados pelos governos às usinas hidrelétricas fossem transferidos às tecnologias renováveis, essas fontes já seriam competitivas há muito tempo. Há uma esperança de que isso aconteça: os países europeus já se comprometeram a aumentar para 20% a participação dos renováveis em sua matriz energética até 2020. A China, recentemente, propôs fazer a mesma coisa.

Por fim, há um espectro que continua a rondar o planeta: a energia nuclear de fissão. Trata-se de uma tecnologia mais do que dominada e competitiva, que pode gerar grandes quantidades de energia sem emitir nenhum gás carbônico. A fissão nuclear, na qual um átomo de urânio é quebrado numa reação em cadeia que gera energia, é centenas de milhares de vezes mais potente e eficiente que a reação química tosca da combustão, que hoje move a economia e envenena o ar. Para cada megawatt gerado, utiliza-se um milhão de vezes mais petróleo do que urânio. Em mais de meio século de utilização, com 400 reatores espalhados hoje pelo planeta, só um acidente de grandes proporções – Chernobil, em 1986 – aconteceu, ao que tudo indica mais por problemas de gerenciamento e manutenção, que caracterizavam a então moribunda União Soviética do que por alguma falha da própria tecnologia. Países como o Reino Unido, o Japão e a França são campeões da utilização segura do átomo. Paris, a cidade-luz, é movida a energia nuclear: 80% da eletricidade francesa vem dessa fonte.

Por que, então, os ambientalistas têm verdadeiro horror dela? E por que a Alemanha resolveu desligar todas as suas usinas nucleares? Ponto para quem disser "Hiroshima" e "lixo". Um dos subprodutos da fissão em reatores é o plutônio, usado em bombas atômicas. E ninguém sabe ainda o que fazer com os resíduos produzidos pelas usinas nucleares, que permanecem radioativos por milhares de anos.

Entra em cena James Lovelock. Autor da famosa hipótese Gaia, segundo a qual o planeta é um sistema que se autorregula – e comporta-se, para todos os fins, como um imenso ser vivo – o cientista britânico era um herói do ambientalismo até se converter à defesa da energia nuclear. Segundo ele, a tecnologia nuclear é um remédio amargo, mas o único disponível imediatamente para curar a "doença" (o aquecimento global) que acomete Gaia. Lovelock, que se ofereceu inclusive para abrigar no próprio quintal os rejeitos de uma usina nuclear britânica, ressalta que a energia de fissão não é uma panacéia, mas que precisa ser explorada "como uma medida temporária até que, tendo satisfeito nossas necessidades, possa ser substituída por energia limpa de outras fontes".[35]

SOMBRINHAS NO ESPAÇO OU LÂMPADAS ECONÔMICAS?

O IPCC reconheceu, na terceira parte de seu Quarto Relatório, que não é possível colocar todos os ovos

---

[35] Lovelock, *op. cit.* (nota 33).

em uma só cesta; a melhor solução é apostar em um pacote diversificado de energias, que inclui até mesmo o carvão – novas tecnologias são capazes de torná-lo mais limpo. Em vez de apontar se esta ou aquela fonte tem mais vantagens e desvantagens, o IPCC mede a sua contribuição futura para o clima pelo chamado potencial de mitigação, ou seja, quantas toneladas de CO_2 podem deixar de ser lançadas na atmosfera a um custo baixo (até US$ 100 por tonelada abatida) por tecnologias existentes até o ano de 2030.

A conclusão do IPCC é de deixar envergonhados governos e cidadãos: é possível, a custo *zero*, evitar a emissão de até 7 bilhões de toneladas de gás carbônico por ano. Isso é mais do que um Kyoto (que preconiza abater 18 bilhões de toneladas de CO_2 em quatro anos), e se faz com medidas simples de eficiência energética, como trocar lâmpadas convencionais incandescentes por lâmpadas econômicas, comprar eletrodomésticos eficientes (um exemplo no Brasil são as geladeiras de baixo consumo, com selo do Procel, o programa do governo para conservação de energia elétrica) e mudar projetos arquitetônicos de edificações para aproveitarem ao máximo a luz solar (nos países frios) ou dispensem ar-condicionado (nos países quentes). São medidas que fariam sentido de qualquer forma, com ou sem aquecimento global, porque ajudam a poupar dinheiro. E já estão no mercado. Quando a faixa de custo sobe para até US$ 100 por tonelada, o potencial aumenta para 26 bilhões de toneladas por ano que deixam de ser emitidas em 2030.

As energias renováveis (incluindo as hidrelétricas e a de biomassa) também têm papel de destaque. A previsão do IPCC é de que sua participação na geração de energia elétrica subirá de 18% em 2005 para 35% em 2030, com um potencial de mitigação de até 50 bilhões de toneladas de CO_2 nesse período.

Os defensores da energia nuclear podem ficar decepcionados ao saber que o potencial previsto para a fissão é bem menor: 30 bilhões de toneladas.

Também é reconhecido o potencial da chamada captura e armazenagem de carbono, que consiste em instalar tubos nas chaminés das usinas termelétricas para literalmente seqüestrar a fumaça e lançá-la em poços profundos ou no fundo do mar. Hoje a tecnologia já é usada, por exemplo, na exploração de petróleo: o gás é injetado em poços já explorados para facilitar a retirada do óleo que resta. Embora a tecnologia tenha evoluído e já esteja sendo usada experimentalmente, hoje ela serve sobretudo para usinas a gás natural, cujos resíduos são mais simples, e não para as termelétricas mais perigosas, as movidas a carvão. Além disso, existe o problema de onde injetar o CO_2, já que nem todo lugar com termelétricas possui uma geologia adequada.

Outras opções são consideradas pelo painel do clima como "especulativas" e "não-comprovadas". Estamos falando principalmente da chamada geoengenharia, que consiste em projetos quase de ficção científica para reduzir o total de radiação solar que chega à Terra ou aumentar o seqüestro de carbono. E aqui tem sido proposto de tudo: o americano Ken Caldera, do Laboratório Nacional Lawrence Livermore, e seu colega Lowel Wood, propuseram a construção de uma "sombrinha" espacial de 11 quilômetros de diâmetro, que fosse colocada entre o Sol e a Terra e diminuísse a incidência de radiação sobre o planeta. Outra proposta, feita por vários cientistas desde a década de 1970, é "semear" aerossóis de enxofre em altas altitudes na atmosfera, para rebater a radiação, simulando o efeito resfriador de erupções vulcânicas (a altitude em que isso seria feito evita a chuva ácida e os problemas de saúde causados pelo enxofre na baixa atmosfera). Outra, ainda, consiste em jogar grandes quantidades de ferro sobre os oceanos. Esse nutriente serve como "fertilizante" para as algas que fazem parte do fitoplâncton, que passariam a aumentar sua taxa de fotossíntese, retirando o CO_2 extra da atmosfera. Vários pesquisadores têm visto ações de geoengenharia como uma solução de emergência possível. Outros, mais cautelosos, apontam que essas tecnologias ainda não-experimentadas podem ter efeitos negativos imprevistos, que só serão verificados quando for tarde demais.

Enquanto as soluções mirabolantes não chegam, o recado do IPCC é claro: o maior potencial de mitigação está no setor das edificações e nos países do Terceiro Mundo, que ainda estão em franca urbanização e nos quais novas técnicas de construção e eficiência energética podem ser aplicadas a baixo custo. Grosso modo, se você é um país rico e pretende investir na mitigação do efeito estufa, é melhor pagar um país pobre para trocar suas lâmpadas do que construir novas usinas nucleares ou investir em tecnologias caras.

A SÍNDROME DE FIDEL CASTRO E A CHANTAGEM FLORESTAL

Há dois outros setores nos quais os países pobres podem fazer a diferença no clima. Para um deles o Brasil já acordou; para o outro, no entanto, permanece deitado em berço esplêndido.

O primeiro são os biocombustíveis, como o biodiesel e o etanol. O IPCC estima que sua participação no setor de transportes subirá do 1% atual para até 10% em 2030. O Brasil detém tanto a tecnologia de fabricação do álcool de cana quanto a maior extensão de terras e a maior quantidade de sol e de água para plantá-la. Pode, portanto, dominar o mercado dessa futura *commodity*. Mas existe outra inovação nacional fundamental: o motor "flex", que funciona tanto com gasolina quanto com álcool.

O biocombustível, além de produzir menos CO_2 quando queimado, seqüestra o carbono emitido pela sua queima quando a safra seguinte de cana cresce, por exemplo. Apesar de seu balanço de carbono (ou seja, o total de emissões menos seqüestro) não ser zero, ele é uma alternativa muito mais limpa à gasolina e ao óleo diesel nos transportes. Em seus trinta anos de adoção, o programa nacional do álcool (Proálcool) evitou a emissão de mais de 600 milhões de toneladas de CO_2. O álcool é um dos raros casos de produto em que o Brasil domina tanto a produção primária quanto a ponta da cadeia tecnológica. Daí a obsessão do presidente Luiz Inácio Lula da Silva com o etanol, declarada inclusive perante as Nações Unidas.

O principal problema do etanol é a chamada Síndrome de Fidel Castro, apelidada assim devido a críticas que o líder cubano (grande produtor de açúcar que vê na ascensão do álcool brasileiro uma ameaça às próprias exportações) fez em 2007 ao combustível. Segundo Fidel, o excesso de sede pelo álcool (combustível) de Lula e outros líderes, como George W. Bush, aumentaria a fome no mundo, já que os produtores rurais prefeririam plantar energia do que comida. Por mais folclórica que soe a objeção de Fidel, o efeito é real. Em 2007, por exemplo, o preço da tortilha de milho, a base da dieta dos mexicanos, foi para as alturas devido ao aumento da produção de etanol de milho nos EUA, causando uma onda de protestos populares no México – a chamada "guerra da tortilha". Vários organismos internacionais, como a FAO, o órgão das Nações Unidas para a agricultura, apontaram depois esse perigo.

Outra questão é o impacto indireto da cana e da soja (principal base do biodiesel nacional) sobre os ecossistemas nacionais. Há temores de que as monoculturas energéticas ocupem as melhores terras do Sul, Sudeste e Centro-Oeste, deslocando a pecuária para dentro da Amazônia. E a pecuária, menos exigente em termos climáticos, é o maior motor do desmatamento amazônico. Esse efeito-dominó já foi verificado com a soja, e não há motivos para achar que com a cana seria diferente, a menos que o governo agisse de forma a evitar tal expansão.

O setor que o Brasil ainda não explora, embora tenha finalmente rompido um tabu em relação a ele, é o da conservação de florestas como forma de mitigação. A lógica é simples: se o maior problema brasileiro de emissões é a derrubada de árvores na Amazônia, por que não evitar o desmatamento e poder com isso vender créditos de carbono para países que têm metas a cumprir? Afinal, o desmatamento responde por cerca de 15% a 20% das emissões de carbono do mundo, e pelo menos um terço do desmatamento mundial acontece na Amazônia. Zerar a taxa de desmatamento teria um impacto nada desprezível no clima. E ainda traria dinheiro ao país.

O principal argumento de parte do governo brasileiro contra essa idéia seria engraçado se não fosse trágico: o Brasil arroga a si mesmo o "direito de desmatar". O país é soberano sobre a Amazônia, e qualquer compromisso internacional que significasse ingerência estrangeira sobre a taxa de desmatamento (uma meta internacional compulsória, por exemplo), é considerado uma violação dessa soberania. Outra forma pela qual o argumento é apresentado é que o país tem "direito ao desenvolvimento", e "os países desenvolvidos já derrubaram suas florestas, portanto, em nome do nosso desenvolvimento, nós temos o direito de fazê-lo". Os autores dessa idéia se esquecem de que o desmatamento tem uma participação ridícula no PIB (ver o Capítulo 4), e de que o desenvolvimento dos países ricos não se deu à custa do corte de florestas e sim devido à indústria. Na Conferência do Clima de Bali, Indonésia, em dezembro de 2007, o Brasil apresentou o primeiro sinal de mudança em sua postura arcaica sobre as florestas: aceitou adotar ações "mensuráveis e verificáveis" para reduzir o desmatamento.

Antes da implementação do Protocolo de Kyoto, cientistas e ambientalistas tentaram pressionar pela inclusão do chamado "desmatamento evitado" no MDL. Perderam a parada. A chancelaria brasileira e os técnicos a serviço dela consideraram que simplesmente cercar uma área e exigir que o mundo pagasse pelo carbono que ela poderia não emitir não dava nenhuma contribuição adicional ao clima – ou seja, nada estava sendo feito efetivamente para reduzir emissões. Além do mais, havia o temor de que as emissões "vazassem", ou seja, que a derrubada deixasse de acontecer em uma área protegida e pulasse para outra região. O desmatamento evitado ganhou deles o apelido pouco carinhoso de "chantagem florestal". Até ONGs como Greenpeace e o WWF (Fundo Mundial para a Natureza) assinaram embaixo.

A partir de 2005, a tese do desmatamento evitado foi reformulada: diante dos bons resultados das ações do governo brasileiro na redução da taxa de desmatamento (que batera recordes nos primeiros anos da administração Lula), os ambientalistas e cientistas propuseram que, no acordo que substituísse ou prolongasse Kyoto após 2012, os países com florestas tropicais pudessem receber dinheiro caso reduzissem suas taxas de desmatamento abaixo de um certo patamar. A idéia agradou e logo evoluiu para uma proposta de fundo voluntário, no qual os países ricos depositariam dinheiro para bancar projetos de desenvolvimento sustentável nas nações com florestas tropicais – a fim de estas não precisarem mais desmatar para alimentar a população que vive nessas florestas.

O país continuou, no entanto, resistindo a um mecanismo de mercado pelo qual a redução compensada do desmatamento pudesse gerar créditos de carbono (que poderiam render centenas de milhões de dólares ao país). A tese é a mesma: soberania nacional. O governo não quer ver a Amazônia sendo "vendida" em bolsas de *commodities*, na forma de papéis de carbono.

Um cínico argumentaria que o Brasil já vende sua floresta de forma muito menos nobre: como soja para alimentar gado nos países ricos e na China.

CONCLUSÃO: MITIGAR, ADAPTAR E SOFRER

Entrevistado pelo *The New York Times* em fevereiro de 2007, véspera da divulgação do Quarto Relatório de Avaliação do IPCC, o físico John P. Holdren, então presidente da Associação Americana para o Avanço da Ciência, disse haver três coisas que a humanidade poderia fazer em relação ao aquecimento global: "Mitigar, adaptar e sofrer".

Algum grau de mudança climática, além das que o planeta já vem experimentando, é inevitável. A conta da prosperidade obtida pelos nossos pais, avós e bisavós à custa de combustíveis fósseis e desmatamento será cobrada mais intensamente dos nossos filhos e netos, que herdarão um mundo cada vez menos hospitaleiro e menos parecido com o mundo que nós conhecemos.

Ações de adaptação a essa mudança são e serão necessárias, especialmente para proteger de seus efeitos a maior parte da população mundial – aquela que habita a África Subsaariana, o sul da Ásia e as favelas e zonas rurais da América Latina –, que nem ao menos chegou a desfrutar da prosperidade trazida pela civilização industrial. Diques terão de ser erguidos, favelas terão de ser urbanizadas, barragens e obras contra a seca terão de ser reforçadas. A própria agricultura mundial, especialmente a de subsistência, precisará ser inteiramente reformulada. Em alguns locais, como o Ártico, os lagos africanos e as nações-ilhas do Pacífico, estilos tradicionais de vida estão condenados a desaparecer. É uma parte do patrimônio cultural humano que se perderá para sempre, dissolvida numa nuvem de carbono.

É também uma obrigação ética dos países desenvolvidos prover as populações mais vulneráveis do planeta com recursos para adaptação. Afinal, os mais pobres dentre os pobres estão pagando juros por um empréstimo – de recursos naturais – que não tomaram. Este é um desafio sem precedentes, dado que nem mesmo a promessa dos países-membros da Organização para a Cooperação e Desenvolvimento Econômico (OCDE, o clube das nações desenvolvidas) de destinar 2% de seu PIB à ajuda externa, feita em 1992 durante a Cúpula da Terra no Rio, foi cumprida.

Mitigar a mudança climática, como demonstrou o IPCC, é uma questão de investimento, mas também de esperteza. O mundo já tem as tecnologias necessárias para reduzir suas emissões de gás carbônico e outros gases de efeito estufa sem precisar recorrer a invenções mirabolantes. Vai custar um bom dinheiro, mas é um seguro de vida que a porção rica da humanidade – capaz de gastar dezenas de bilhões de dólares em guerras travadas sob falso pretexto – pode pagar. Além disso, a mera correção de distorções econômicas históricas pode ajudar na mitigação.

A energia termelétrica a carvão é "barata", entre outros motivos, porque os economistas tradicionalmente não computam seu custo em vidas humanas e em saúde. Impostos sobre o carbono, como mostram tanto o IPCC quanto a Agência Internacional de Energia, podem tornar competitivos processos e produtos limpos e fontes energéticas renováveis. Tudo isso pode e deve ser feito.

Mais importante ainda, o IPCC mostrou no seu AR4, pela primeira vez, que o efeito estufa é também uma questão cultural e que mudanças de estilo de vida podem, sim, contribuir para a mitigação. Ao apresentar essa conclusão em uma reunião do IPCC na Tailândia em 2007, o então presidente do painel, Rajendra Pachauri, citou o exemplo do ex-premiê japonês Junichiro Koizumi, que abolira o uso de gravatas no verão para poupar ar-condicionado, e do ex-presidente americano Jimmy Carter, que vestia um cardigã dentro de casa no inverno em vez de ficar de camiseta e com a calefação ligada no máximo. Nada disso exige abrir mão dos confortos da vida moderna – só de alguns luxos.

Para cidadãos brasileiros, acostumados à abundância, algumas atitudes que provavelmente fariam sentido, com custo muito baixo, nulo, ou até com ganho são:

• **Trocar as lâmpadas**. Ninguém precisa de lâmpadas incandescentes. São absurdamente ineficientes e desperdiçam quase tudo o que consomem em forma de calor e não de luz. Países como a Austrália já estão planejando o seu fim para os próximos dez anos.
• **Comprar eletrodomésticos eficientes**. Mesmo que sejam mais caros inicialmente (é uma questão de tempo até que essa diferença suma), eles se

pagam bem rápido. E farão diferença para as próximas gerações.

• **Usar carros flex.** Desse aspecto, pelo menos no Brasil, o mercado livre parece estar se encarregando. Em 2005 era preciso entrar numa fila para comprar um carro bicombustível. Em breve, a persistir a tendência, será difícil encontrar um automóvel que não seja *flex-fuel* no país. (É preciso abastecê-lo com álcool, claro, senão não adianta.)

• **Parar de comer carne bovina**. Ou, para quem não resiste a uma picanha na brasa, diminuir o mais que puder seu consumo. Há boas razões de saúde para fazer isso, mas a razão ambiental é que o boi é o principal fator de desmatamento da Amazônia – e o desmatamento é a principal fonte de emissões do Brasil.

• **Não entrar em pânico**. A crise ambiental é gravíssima, certo, e constitui o maior desafio que a humanidade já teve de enfrentar. Mas não é o fim do mundo.

Ainda.

POST-SCRIPTUM

O ano de 2007 começou com um alerta poderoso do IPCC e terminou com uma ponta de esperança no combate ao aquecimento global. Diplomatas de cerca de 190 nações reunidos em Bali, Indonésia, aprovaram no dia 14 de dezembro, após duas semanas de negociações tensas, o calendário de negociações do acordo global contra as emissões de CO_2 que substituirá o Protocolo de Kyoto após 2012.

O chamado Mapa do Caminho de Bali definiu o ano de 2009 como data-limite para a assinatura do novo acordo. E mais importante ainda, colocou os países mais relutantes de Kyoto – os Estados Unidos, a Austrália e os países em desenvolvimento – no rumo de aceitar compromissos de redução de emissões que possam ser auditados internacionalmente. Rompeu-se a resistência dos EUA, o que foi comemorado – com justiça – como um enorme avanço no processo.

Resta saber se isso basta. Em Bali, cientistas do IPCC subiram no palanque da política pela primeira vez para dizer que o mundo só poderá escapar do desastre climático (e mesmo assim com apenas 50% de chance) se a concentração de CO_2 na atmosfera for limitada a 450 partes por milhão. De novo, isso significa um corte de pelo menos 50% nas emissões globais. Mas a lentidão dos acordos políticos internacionais e a relutância de vários governos em abraçar reduções radicais de CO_2 tornam a meta de 450 ppm virtualmente inalcançável, a menos que algo extraordinário aconteça.

É sempre prudente deixar as barbas de molho quando o assunto é política. Mas, se 2007 for algum guia, coisas extraordinárias podem acontecer. Quem imaginaria, por exemplo, que o aquecimento global decidiria uma eleição num país rico? Aconteceu na Austrália. Castigado por uma seca recorde, o país, que rejeitara Kyoto, elegeu no fim daquele ano o premiê Kevin Rudd, cuja campanha fora baseada na promessa de ratificar o protocolo. Na Austrália, a opinião pública global declarou em 2007 sua intenção de proteger o clima. Políticos espertos fariam bem em ouvi-la.

BIBLIOGRAFIA

Walter Alvarez, *T. Rex and the Crater of Doom*. Nova York: Vintage Books, 1997.

Claudio Angelo, "EUA Mudarão Política do Clima, Diz Gore". *Folha de S.Paulo*, 18/10/2006.

Svante Arrhenius, "On the Influence of Carbonic Acid in the Air Upon the Temperature of the Ground", *The London, Edinburgh, and Dublin Philosophical Magazine and Journal of Science*, Series 5, vol. 41, pags. 237-276, abr. 1896.

K. Caldera e M. E. Wickett, "Antropogenic Carbon and Ocean pH", *Nature*, vol. 425, p. 325, 25/9/2003.

Danielle Calentano e Adalberto Veríssimo, "O Avanço da Fronteira na Amazônia: do Boom ao Colapso"; *O Estado da Amazônia, Indicadores Ambientais*;

Instituto do Homem e Meio Ambiente da Amazônia. Belém, 2007. [www.imazon.org.br]

Fatima Cardoso, *Efeito Estufa – Por Que a Terra Morre de Calor*. São Paulo: Editora Mostarda/Editora Terceiro Nome, 2006.

A. Corrêa do Lago, "Negociações Internacionais sobre a Mudança do Clima – Parte 1A – As Negociações Internacionais Ambientais no Âmbito das Nações Unidas e a Posição Brasileira"; *Cadernos NAE 03 – Mudança do Clima, vol. 1*. Brasília: Núcleo de Assuntos Estratégicos da Presidência da República, 2005.

Seth Dunn, "Descarbonizando a Economia Energética", *Estado do Mundo 2001*. Salvador: Worldwatch Institute/UMA Editora, 2001.

The Environmental Law Institute, *Reporting on Climate Change: Understanding the Science*; 3rd edition. Washington, 2003.

P.M. Fearnside, "Brazil's Samuel Dam: Lessons for Hydroelectric Development Policy and the Environment in Amazonia", *Environmental Management*, vol. 34, n.º 1, jan. 2005.

Tim Flannery, *Os Senhores do Clima – Como o Homem Está Alterando as Condições Climáticas e o Que Isso Significa Para o Futuro do Planeta*. Rio de Janeiro: Editora Record, 2007.

C. Flavin e G. Gardner, "China, India and the New Order", *State of the World 2006*. Nova York/Londres: W.W. Norton & Company, 2006.

Al Gore, *Uma Verdade Inconveniente – O Que Devemos Saber (e Fazer) sobre o Aquecimento Global*. Barueri: Manole, 2006.

J. Hansen et al, "Global Climate Changes as Forecast by Goddard Institute for Space Studies Three-Dimensional Model". Washington: *Journal of Geophysical Research*, vol. 93, no. D8, pags. 9341-9368, 20/8/1988.

J. Hansen, "Climate Catastrophe", *New Scientist*, 28/7/2007.

Intergovernmental Panel on Climate Change, *Fourth Assessment Report*. [www.ipcc.ch]

International Energy Agency, *World Energy Outlook*, 2007.

Elizabeth Kolbert, "The Climate of Man". *The New Yorker*, 25/4/2005.

J. Lovelock, *A Vingança de Gaia*. Rio de Janeiro: Intrínseca, 2006.

José A. Marengo, Carlos A. Nobre, Enéas Salati e Tercio Ambrizzi, *Caracterização do Clima Atual e Definição das Alterações Climáticas para o Território Brasileiro ao Longo do Século XXI*. Brasília: Ministério do Meio Ambiente, 2007. [www.cptec.inpe.br/mudancas_climaticas]

L. G. Meira Filho, "Negociações Internacionais sobre a Mudança do Clima – Parte 1B – A Convenção-Quadro das Nações Unidas sobre a Mudança do

Clima"; *Cadernos NAE 03 – Mudança do Clima, vol. 1*. Brasília: Núcleo de Assuntos Estratégicos da Presidência da República, 2005.

Carlos A. Nobre e José A. Marengo, "O Nascimento do Homo Planetaris", *Folha de S.Paulo*, 3/2/2007.

M. D. Oyama e Carlos A. Nobre, "A New Climate-Vegetation Equilibrium State for Tropical South America", *Geophysical Research Letters*, vol. 30, issue 23, dez. 2003.

K. E. Trenberth e D. Shea, "Atlantic Hurricanes and Natural Variability in 2005", *Geophysical Research Letters*, vol. 36., L12704, 27/6/2006.

United Nations Framework Convention on Climate Change (UNFCCC). [disponível para *download* em inglês em www.unfccc.de e em português em www.mct.gov.br]

_____, *The Kyoto Protocol to the United Nations Framework Convention on Climate Change*. [disponível para *download* em inglês em www.unfccc.de e em português em www.mct.gov.br]

Spencer R. Weart, "The Discovery of the Risk of Global Warming". College Park: *Physics Today*, jan. 1997.

_____, Global Warming Timeline [www.iap.org].

Worldwatch Institute, *Vital Signs* 2005, Nova York/Londres: W. W. Norton & Company, 2005.

AGRADECIMENTOS

Este livro é em grande parte fruto dos sete anos que passei cobrindo o tema "mudança climática" para a *Folha de S.Paulo*. Ele só se tornou possível porque em julho de 2000 Marcelo Leite me resgatou do atoleiro intelectual em que se transformara a revista onde eu trabalhava e, na *Folha*, pôs sob meus cuidados a cobertura dessa área, então o patinho feio do jornalismo.

Ao Marcelo, por essa e várias outras, meu muito obrigado.

Ao longo desse tempo, várias pessoas contribuíram indiretamente com idéias que aparecem ao longo do texto, por terem me ensinado ou me permitido gastar (ganhar, na verdade) tempo aprendendo sobre a física, a economia e a política do clima. Sou grato a Luiz Gylvan Meira Filho, Carlos Afonso Nobre, Boyce Rensberger, Martha "Go Sox!" Henry, Peter Stone, Steven Wofsy, Dan Nepstad e Marcelo Furtado.

José Marengo se deu o trabalho imenso de, em um prazo curtíssimo, ler o manuscrito à caça de bobagens científicas e erros conceituais. Achou várias. *Gracias*, maestro! (Pelas que eventualmente tenha sobrado, claro, assumo total responsabilidade.)

Agradeço também a Luciana Maia, por ter cedido ao meu desespero e apostado no projeto. E a Cris, pela leitura implacável que me permitiu melhorar vários pontos do texto – e por tudo o mais.

Para Ana e João, herdeiros de uma Terra mais quente, na esperança de que saibam tratá-la melhor que seus pais e avós.

SOBRE O AUTOR

Claudio Angelo nasceu em Salvador em 1975, cresceu em Brasília, viveu em Ribeirão Preto, Rio Branco e Cambridge (EUA), onde foi bolsista Knight de Jornalismo Científico. É editor de Ciência da *Folha de S.Paulo* desde 2004.

FOLHA
EXPLICA

Folha Explica é uma série de livros breves, abrangendo todas as áreas do conhecimento e cada um resumindo, em linguagem acessível, o que de mais importante se sabe hoje sobre determinado assunto.

Como o nome indica, a série ambiciona *explicar* os assuntos tratados. E fazê-lo num contexto brasileiro: cada livro oferece ao leitor condições não só para que fique bem informado, mas para que possa refletir sobre o tema, de uma perspectiva atual e consciente das circunstâncias do país.

Voltada para o leitor geral, a série serve também a quem domina os assuntos, mas tem aqui uma chance de se atualizar. Cada volume é escrito por um autor reconhecido na área, que fala com seu próprio estilo. Essa enciclopédia de temas é, assim, uma enciclopédia de vozes também: as vozes que pensam, hoje, temas de todo o mundo e de todos os tempos, neste momento do Brasil.

1	MACACOS	Drauzio Varella
2	OS ALIMENTOS TRANSGÊNICOS	Marcelo Leite
3	CARLOS DRUMMOND DE ANDRADE	Francisco Achcar
4	A ADOLESCÊNCIA	Contardo Calligaris
5	NIETZSCHE	Oswaldo Giacoia Junior
6	O NARCOTRÁFICO	Mário Magalhães
7	O MALUFISMO	Mauricio Puls
8	A DOR	João Augusto Figueiró
9	CASA-GRANDE & SENZALA	Roberto Ventura
10	GUIMARÃES ROSA	Walnice Nogueira Galvão
11	AS PROFISSÕES DO FUTURO	Gilson Schwartz
12	A MACONHA	Fernando Gabeira
13	O PROJETO GENOMA HUMANO	Mônica Teixeira
14	INTERNET	Maria Ercilia
15	2001: UMA ODISSÉIA NO ESPAÇO	Amir Labaki
16	A CERVEJA	Josimar Melo
17	SÃO PAULO	Raquel Rolnik
18	A AIDS	Marcelo Soares
19	O DÓLAR	João Sayad
20	A FLORESTA AMAZÔNICA	Marcelo Leite
21	O TRABALHO INFANTIL	Ari Cipola
22	O PT	André Singer
23	O PFL	Eliane Cantanhêde

24	A ESPECULAÇÃO FINANCEIRA	Gustavo Patú
25	JOÃO CABRAL DE MELO NETO	João Alexandre Barbosa
26	JOÃO GILBERTO	Zuza Homem de Mello
27	A MAGIA	Antônio Flávio Pierucci
28	O CÂNCER	Riad Naim Younes
29	A DEMOCRACIA	Renato Janine Ribeiro
30	A REPÚBLICA	Renato Janine Ribeiro
31	RACISMO NO BRASIL	Lilia Moritz Schwarcz
32	MONTAIGNE	Marcelo Coelho
33	CARLOS GOMES	Lorenzo Mammì
34	FREUD	Luiz Tenório Oliveira Lima
35	MANUEL BANDEIRA	Murilo Marcondes de Moura
36	MACUNAÍMA	Noemi Jaffe
37	O CIGARRO	Mario Cesar Carvalho
38	O ISLÃ	Paulo Daniel Farah
39	A MODA	Erika Palomino
40	ARTE BRASILEIRA HOJE	Agnaldo Farias
41	A LINGUAGEM MÉDICA	Moacyr Scliar
42	A PRISÃO	Luís Francisco Carvalho Filho
43	A HISTÓRIA DO BRASIL NO SÉCULO 20 (1900-1920)	Oscar Pilagallo
44	O MARKETING ELEITORAL	Carlos Eduardo Lins da Silva
45	O EURO	Silvia Bittencourt

46	A CULTURA DIGITAL	Rogério da Costa
47	CLARICE LISPECTOR	Yudith Rosenbaum
48	A MENOPAUSA	Silvia Campolim
49	A HISTÓRIA DO BRASIL NO SÉCULO 20 (1920-1940)	Oscar Pilagallo
50	MÚSICA POPULAR BRASILEIRA HOJE	Arthur Nestrovski (org.)
51	OS SERTÕES	Roberto Ventura
52	JOSÉ CELSO MARTINEZ CORRÊA	Aimar Labaki
53	MACHADO DE ASSIS	Alfredo Bosi
54	O DNA	Marcelo Leite
55	A HISTÓRIA DO BRASIL NO SÉCULO 20 (1940-1960)	Oscar Pilagallo
56	A ALCA	Rubens Ricupero
57	VIOLÊNCIA URBANA	Paulo Sérgio Pinheiro e Guilherme Assis de Almeida
58	ADORNO	Márcio Seligmann-Silva
59	OS CLONES	Marcia Lachtermacher-Triunfol
60	LITERATURA BRASILEIRA HOJE	Manuel da Costa Pinto
61	A HISTÓRIA DO BRASIL NO SÉCULO 20 (1960-1980)	Oscar Pilagallo
62	GRACILIANO RAMOS	Wander Melo Miranda

63	CHICO BUARQUE	Fernando de Barros e Silva
64	A OBESIDADE	Ricardo Cohen e Maria Rosária Cunha
65	A REFORMA AGRÁRIA	Eduardo Scolese
66	A ÁGUA	José Galizia Tundisi e Takako Matsumura Tundisi
67	CINEMA BRASILEIRO HOJE	Pedro Butcher
68	CAETANO VELOSO	Guilherme Wisnik
69	A HISTÓRIA DO BRASIL NO SÉCULO 20 (1980-2000)	Oscar Pilagallo
70	DORIVAL CAYMMI	Francisco Bosco
71	VINICIUS DE MORAES	Eucanaã Ferraz
72	OSCAR NIEMEYER	Ricardo Ohtake
73	LACAN	Vladimir Safatle
74	JUNG	Tito R. de A. Cavalcanti
75	O AQUECIMENTO GLOBAL	Claudio Angelo

Este livro foi composto nas fontes
Bembo e Geometr 415 e impresso
em janeiro de 2008 pela Prol Gráfica,
sobre papel offset 90 g/m².